DEEP LEARNING WITH PYTHON
AND PYTORCH

Python

深度学习实战

基于 PyTorch

吕云翔 刘卓然◎主编 关捷雄 郭婉茹 陈妙然 华昱云◎副主编

U0234248

人民邮电出版社
北京

图书在版编目（CIP）数据

Python深度学习实战：基于Pytorch／吕云翔，刘
卓然主编. -- 北京：人民邮电出版社，2021.8
（Python开发系列丛书）
ISBN 978-7-115-56015-5

Ⅰ．①P… Ⅱ．①吕… ②刘… Ⅲ．①机器学习②软件
工具—程序设计 Ⅳ．①TP181②TP311.561

中国版本图书馆CIP数据核字（2021）第028945号

内 容 提 要

本书以深度学习框架 PyTorch 为基础，介绍机器学习的基础知识与常用方法，全面细致地介绍机器学习的基本操作原理及其在深度学习框架下的实践。全书共 16 章，分别介绍了深度学习简介、深度学习框架、机器学习基础知识、PyTorch 深度学习基础、Logistic 回归、神经网络基础、卷积神经网络与计算机视觉、神经网络与自然语言处理以及 8 个实战案例。本书将理论与实践紧密结合，相信能为读者提供有益的学习指导。

本书适合深度学习初学者、机器学习算法分析从业人员以及高等院校计算机科学与技术、软件工程、人工智能、数据科学与大数据技术等相关专业的师生阅读。

◆ 主　　编　吕云翔　刘卓然
　　副 主 编　关捷雄　郭婉茹　陈妙然　华昱云
　　责任编辑　刘　博
　　责任印制　王　郁　马振武
◆ 人民邮电出版社出版发行　　北京市丰台区成寿寺路 11 号
　　邮编　100164　电子邮件　315@ptpress.com.cn
　　网址　https://www.ptpress.com.cn
　　北京市艺辉印刷有限公司印刷
◆ 开本：787×1092　1/16
　　印张：11.5　　　　　　　　　2021 年 8 月第 1 版
　　字数：261 千字　　　　　　　2024 年 7 月北京第 8 次印刷

定价：49.80 元

读者服务热线：**(010)81055256**　印装质量热线：**(010)81055316**
反盗版热线：**(010)81055315**
广告经营许可证：京东市监广登字 20170147 号

前　言

党的二十大报告中提到："教育、科技、人才是全面建设社会主义现代化国家的基础性、战略性支撑。"在教育改革、科技变革等背景下，信息技术特别是人工智能领域的教学发生着翻天覆地的变化。

深度学习旨在学习样本数据的内在规律和表示层次，在学习过程中获得的信息对诸如文字、图像和声音等数据的处理有很大的帮助。它的最终目标是让机器能够像人一样具有分析、学习的能力，能够识别文字、图像和声音等数据。深度学习是一种复杂的机器学习算法，在语音和图像识别方面取得的成果，远远超过先前的相关技术。

深度学习在搜索技术、数据挖掘、机器学习、机器翻译、自然语言处理、多媒体学习，以及其他相关领域都取得了很多成果。深度学习使机器模仿视听和思考等人类的活动，解决了很多复杂的模式识别难题，使得人工智能相关技术取得了很大进步。

深度学习是机器学习中的一种，而机器学习是实现人工智能的必经路径。深度学习的概念源于人工神经网络的研究，含多个隐藏层的多层感知器就是一种深度学习结构。深度学习通过组合低层特征形成更加抽象的高层，以表示属性类别或特征，从而发现数据的分布式特征表示。研究深度学习的目的在于建立模拟人脑进行分析、学习的神经网络，使其可模仿人脑的机制来解释数据，如图像、声音和文本等。

本书是一本以深度学习为主题的教材，目的是让读者尽可能深入地理解深度学习的技术。此外，本书强调将理论与实践结合，简明的案例不仅能加深读者对理论知识的理解，还能让读者直观感受到实际生产中深度学习技术的应用。

要想深入理解深度学习，我们需要经历许多考验，花费很长时间，但是相应地也能学到和发现很多东西，而且这也会是一个有趣的、令人兴奋的过程。希望读者能从这一过程中熟悉深度学习的技术，并从中感受到快乐。

参与本书编写工作的有吕云翔、刘卓然、关捷雄、郭婉茹、陈妙然、华昱云、付章峥、李熙、李牧锴、李红雨、吕可馨、唐博文、王渌汀。此外，曾洪立参与了部分内容的编写并进行了素材整理及配套资源制作等工作。

由于编者的水平和能力有限，本书难免有疏漏之处，恳请各位同仁和广大读者给予批评指正，也希望各位能将实践过程中的经验和心得与我们进行交流（yunxianglu@hotmail.com）。

目　录

第1章
深度学习简介

深度学习是一种基于神经网络的学习方法。和传统的机器学习方法相比，深度学习一般需要更丰富的数据、更强大的计算能力，从而达到更高的准确率。目前，深度学习方法被广泛应用于计算机视觉、自然语言处理、强化学习等领域。本章将依次对其进行介绍。

1.1 计算机视觉

1.1.1 定义

计算机视觉是指使用计算机及相关设备对生物视觉的一种模拟。它的主要任务是通过对采集的图片或视频进行处理以获得相应场景的三维信息。计算机视觉是关于如何运用照相机和计算机来获取我们所需的被拍摄对象的数据与信息的学问。形象地说，计算机视觉就是给计算机安装上"眼睛"（照相机）和"大脑"（算法），让计算机能够感知环境。

1.1.2 基本任务

计算机视觉的基本任务包含图像处理、模式识别（图像识别）、图像理解（景物分析）等。除此之外，计算机视觉还包括对空间形状的描述、几何建模以及认识过程。实现图像理解是计算机视觉的终极目标。下面举例说明图像处理、模式识别和图像理解。

图像处理技术可以把输入图像转换成具有预期特性的另一幅图像。例如，可通过一定的处理使输出图像有较高的信噪比，或通过增强处理突出图像的细节，以便于操作员的检验。在计算机视觉研究中经常利用图像处理技术进行预处理和特征抽取。

模式识别技术是指根据从图像中抽取的统计特性或结构信息，把图像分成预定的类别。常见的模式识别有文字识别或指纹识别等。在计算机视觉中，模式识别技术经常用于图像中的某些部分，例如分割区域的识别和分类。

图像理解技术是对图像内容所包含的信息的理解。给定一幅图像，图像理解程序不仅需要描述图像本身，还需要描述和解释图像所代表的景物，以便对图像传递的信息做出判定。在人工智能研究的初期，经常会使用景物分析这个术语，以强调二维图像与三维景物之间的区别。

图像理解除了需要复杂的图像处理技术之外，还需要具有关于景物成像的物理规律的知识以及与景物内容有关的知识。

1.1.3 传统方法

在深度学习算法出现之前，视觉算法大致可以分为以下 5 个步骤：特征感知、图像预处理、特征提取、特征筛选、推理预测与识别。在早期的机器学习中，占优势的统计机器学习群体对特征的重视程度是不够的。

何为图片特征？用通俗的语言来说，它是最能表现图像特点的一组参数，常用到的特征类型有颜色特征、纹理特征、形状特征和空间关系特征。为了让机器能尽可能完整且准确地理解图片，需要将包含庞杂信息的图像简化、抽象为若干个特征量，以便于后续计算。在深度学习技术没有出现的时候，图像特征需要研究人员手动提取，这是一个繁杂且冗长的工作。因为很多时候研究人员并不能确定什么样的特征组合是有效的，而且常常需要研究人员去手动设计新的特征。在深度学习技术出现后，问题显著简化了许多。各种各样的特征提取器以模仿人脑视觉系统为基础，尝试直接从大量数据中提取出图像特征。我们知道，图像是由多个像素拼接组成的，每个像素在计算机中存储的信息是其对应的 RGB（Red-Green-Blue，红绿蓝）数值，因此一张图片包含的数据量大小可想而知。

过去的算法主要依赖于特征算子，比如著名的 SIFT（Scale-Invariant Feature Transform，尺度不变特征变换）算子，即所谓的对尺度旋转保持不变的算子。SIFT 算子被广泛地应用在图像比对，特别是三维重建应用中，有一些成功的应用例子。另一个是 HOG（Histogram of Oriented Gradient，方向梯度直方图）算子，它可以比较健壮地提取物体边缘，它也在物体检测中扮演着重要的角色。

特征算子还包括 Textons、Spin image、RIFT 和 GLOH（Gradient Location-Orientation Histogram，三维梯度方向直方图），都是在深度学习诞生之前或者深度学习真正地流行起来之前视觉算法的主流算子。

这些特征算子和一些特定的分类器组合也有一些成功或"半成功"的例子，基本满足商业化的要求，但还没有完全商业化。第一个是 20 世纪 80 年代至 90 年代的指纹识别算法，它已经非常成熟，一般是在指纹的图案上面去寻找一些关键点，如具有特殊几何特征的点，然后把两个指纹的关键点进行比对，判断是否匹配。第二个是 2001 年基于 Haar（哈尔）的人脸检测算法，它在当时的硬件条件下已经能够支持实时人脸检测，我们现在所有手机所使用的人脸检测算法，几乎都是基于它的变种。第三个是基于 HoG 特征的物体检测，它和所对应的 SVM（Support Vector Machine，支持向量机）分类器组合起来就是著名的 DPM（Deformable Parts Model，可变形的组件模型）算法。DPM 算法在物体检测方面在当时超过了所有的算法，取得了比较不错的成绩。但这种成功的例子太少了，因为手动设计特征需要研究人员对这个领域和数据特别了解，具备一定的经验，特征被设计出来还需要进行大量的调试工作。另一个难点在于，研究人员不只需要手动设计特征，还要在此基础上搭配一个比较合适的分类器算法。同时设计特征和选择分类器算法，还要使两者合并达到最优的效果，这几乎是不可能完成的任务。

1.1.4 仿生学与深度学习

如果不手动设计特征，不挑选分类器，有没有别的方案呢？能不能同时学习特征和分类器呢？即输入某一个模型的时候，输入只是图片，输出就是它自己的标签。比如输入一个演员头像，如图 1.1 中的神经网络示例，模型输出的标签就是一个 50 维的向量（如果要在 50 个人里识别），其中对应演员头像的向量是 1，其他的向量是 0。

图 1.1　神经网络示例

这种设定符合人类脑科学的研究成果。一位神经生物学家戴维·休布尔（David Hubel）获得了 1981 年诺贝尔生理学或医学奖。他的主要研究成果是发现了视觉系统信息处理机制，证明大脑的可视皮层是分级的。他的贡献主要是，他认为人的视觉功能有两个，一个是抽象，一个是迭代。抽象就是指把非常具体的、形象的元素，即原始的光线像素等信息，抽象出来并形成有意义的概念。这些有意义的概念又会向上迭代，变成更加抽象的、人可以感知的抽象概念。

像素是没有抽象意义的，但人脑可以把这些像素连接成边缘，相对像素来说边缘就变成了比较抽象的概念；边缘进而形成球形，球形然后到气球，又是一个抽象的过程，大脑最终就知道看到的是一个气球。

如图 1.2 所示，模拟人脑识别人脸，也是抽象和迭代的过程。从最开始的像素到第二层的边缘，再到人脸的部分，然后到整张人脸，构成一个抽象和迭代的过程。

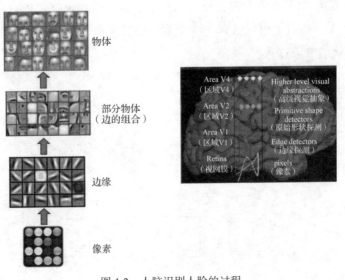

图 1.2　人脑识别人脸的过程

再比如认识到图片中的物体是摩托车的这个过程，人脑可能只需不到 1 秒就可以处理完毕，但这个过程包含了大量的神经元抽象和迭代过程。对计算机来说，最开始看到的根本不是摩托车，而是图像上的不同像素的 R、G、B 这 3 个通道的数值。

所谓的特征或者视觉特征，就是指把数值综合起来，用统计或非统计的形式，把摩托车的部件或者整辆摩托车表现出来。在深度学习流行之前，大部分的设计图像特征就是把一个区域内的像素级别的信息综合表现出来，以便于后面的分类学习。

如果要完全模拟人脑，我们也要模拟抽象和迭代的过程，把信息从最细琐的像素级别，抽象到"种类"的概念，让人能够接受。

1.1.5　现代深度学习

计算机视觉里经常使用的卷积神经网络（Conventional Neural Network，CNN），是一种比较精准的对人脑的模拟。人脑在识别图片的过程中，并不是同时对整张图片进行识别，而是先感知图片的局部特征，之后将局部特征综合起来再得到图片的全局信息。卷积神经网络模拟了这一过程，其卷积层（Convolution，Conv）通常是堆叠的。低层的卷积层可以提取到图片的局部特征，例如角、边缘、线条等；高层的卷积层能够从低层的卷积层中学到更复杂的特征，从而实现图片的分类和识别。

卷积就是指两个函数之间的相互关系。在计算机视觉里面，可以把卷积当作一个抽象的过程，就是把小区域内的信息统计、抽象出来。

比如，对于一张爱因斯坦的照片，可以学习多层卷积核，然后对这个区域进行统计。可以用不同的方法统计，比如着重统计中央部分，也可以着重统计边缘部分。这就导致统计的和函数的种类多种多样，因此可以同时学习多个统计的累积和。

图 1.3 所示为从输入图像到最后的卷积，生成响应图（response map）的过程。首先用学习好的卷积核对图像进行扫描，然后每一个卷积核会生成一个扫描的响应图，或者叫特征图（feature map）。如果有多个卷积核，就有多个特征图。也就说从一个最开始的输入图像（R、G、B 这 3 个通道）可以得到 100 个通道的特征图，因为有 100 个卷积核，每个卷积核代表一种统计抽象的方式。

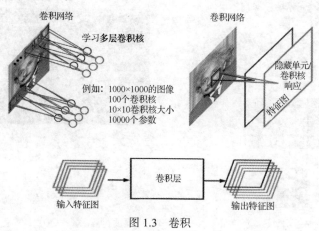

图 1.3　卷积

在卷积神经网络中，除了卷积，还有一种叫池化的操作。池化操作在统计上的概念更明确，就是指对一个小区域内的值求平均值或者求最大值的统计操作。

池化带来的结果是，如果之前输入有 2 通道的或者 256 通道的卷积的特征图，每一个特征图都经过一个求最大值的一个池化层，会得到一个比原来特征图更小的 256 通道的特征图。

如图 1.4 所示，池化层对每一个大小为 2×2 的区域求最大值，然后把最大值赋给生成的特征图的对应位置。如果输入图像的大小是 100 像素×100 像素的话，那么输出图像的大小就会变成 50 像素×50 像素，特征图变成了 1/4。同时保留的信息是原来 2×2 区域里面最大的信息。

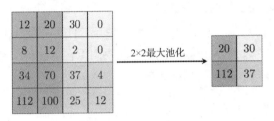

图 1.4　池化

LeNet 如图 1.5 所示，Le 是人工智能领域先驱 Yann LeCun（杨立昆）名字的简写。LeNet 是许多深度学习网络的原型和基础。在 LeNet 出现之前，人工神经网络层数都相对较少，而 LeNet 突破了这一限制。LeNet 在 1998 年即被提出，LeCun 用这一网络进行字母识别，达到了非常好的效果。

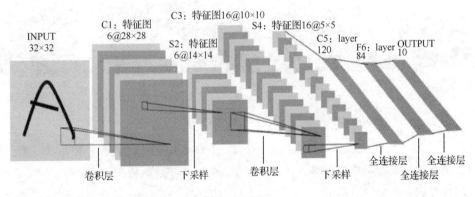

图 1.5　LeNet

LeNet 输入图像是大小为 32 像素×32 像素的灰度图，第一层经过了一组卷积核，生成了 6 个 28×28 的特征图，然后经过一个池化层，得到 6 个 14×14 的特征图，然后再经过一个卷积层，生成了 16 个 10×10 的卷积层，再经过池化层生成 16 个 5×5 的特征图。

这 16 个大小为 5×5 的特征图再经过 3 个全连接层（Full connect，Fc），即可得到最后的输出结果。输出就是标签空间的输出。由于设计的是只对"0"～"9"进行识别，所以输出空间是 10。如果要对 10 个数字、26 个大写字母和 26 个小写字母进行识别的话，输出空间就是 62。向量各维度的值代表"图像中元素等于该维度对应标签的概率"，若该向量第一维度输出为 0.6，即表示图像中元素是"0"的概率是 0.6。那么该 62 维向量中值最大的那个维度对应的标签为最后的预测结果。在 62 维向量里，如果某一个维度上的值最大，那么它对应的那个字母和数字就是预测结果。

从 1998 年开始的 10 多年间，深度学习在众多专家、学者的带领下不断发展、壮大。遗憾的是，在此过程中，深度学习领域没有产生足以轰动世人的成果，这导致深度学习的研究一度被边缘化。到 2012 年，深度学习算法在部分领域取得不错的成绩，而取得突破的就是 AlexNet。

AlexNet 由多伦多大学提出，在 ImageNet 比赛上取得了非常好的效果。AlexNet 的识别效果超过了当时所有浅层的方法。经此"一役"，AlexNet 在此后被不断地改进、应用。同时，学术界和工业界认识到了深度学习的无限可能。

AlexNet 是 LeNet 的改进版，它也可以被看作 LeNet 的放大版，如图 1.6 所示。AlexNet 的输入是一个大小为 224 像素×224 像素的图片，输入图像在经过若干卷积层和若干池化层后，经过两个全连接层泛化特征，得到最后的预测结果。

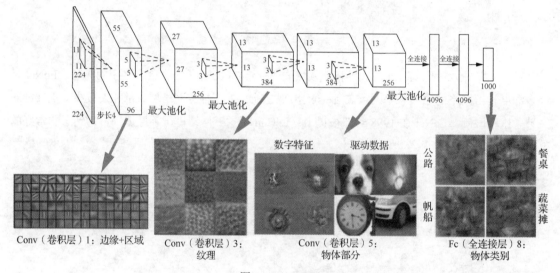

图 1.6 AlexNet

2015 年，特征可视化工具开始盛行。那么，AlexNet 学习出的特征是什么样子的？第一层都是一些填充的块状物和边界等特征；中间层开始学习一些纹理特征；而在接近分类器的高层，则可以明显看到物体形状的特征；最后一层，即分类层，不同物体的主要特征已经被完全提取出来。

可以说，无论是对人脸、车辆，还是对大象或椅子进行识别，特征提取器提取特征的过程都是渐进的。特征提取器最开始提取到的是物体的边缘特征，继而是物体的各部分信息，然后在更高层才能抽象物体的整体特征。整个卷积神经网络都在模拟人脑的抽象和迭代的过程。

卷积神经网络的设计思路非常简洁明了，且很早就被提出。那么为什么时隔多年，卷积神经网络才成为主流？这一问题与卷积神经网络本身的技术关系不太大，而与其他一些客观因素有关。

首先，如果卷积神经网络的深度过小，其识别能力往往不如一般的浅层模型，比如 SVM 或者 boosting（提升）。但如果神经网络深度过大，就需要大量的数据进行训练来避免过拟合。

2006 年恰好是互联网开始大量产生的图片数据的时候。

另外一个客观因素是计算机运算能力。卷积神经网络对计算机的运算能力要求比较高，需要大量重复、并行的计算。在 1998 年主流 CPU 只有单核且运算能力比较低的情况下，不可能进行很深的卷积神经网络的训练。随着 GPU 计算能力的增长，卷积神经网络结合大数据的训练才成为可能。

总而言之，卷积神经网络的兴起与近年来技术的发展是密切相关的，而这一领域的革新则不断推动计算机视觉技术的发展与应用。

1.2　自然语言处理

区别于计算机所使用的机器语言和程序语言，自然语言是指人类用于日常交流的语言。而自然语言处理的目的就是用计算机来理解和处理人类的语言。

用计算机来理解和处理人类的语言也不是一件容易的事情，因为自然语言对于感知的抽象很多时候并不是直观、完整的。我们的视觉感知到一个物体，就是实实在在地接收到了代表这个物体的所有像素。但是，自然语言的一个句子背后往往包含着不直接表述出来的常识和逻辑。这使得计算机在试图处理自然语言的时候不能从字面上获取所有的信息。因此自然语言处理的难度更大，其相关技术的发展与应用相比于计算机视觉也往往呈现出滞后的情况。

深度学习技术在自然语言处理上的应用也是如此。为了将深度学习技术引入自然语言处理领域，研究者尝试了许多方法来表示和处理自然语言的表层信息（如词向量、更高层次、带上下文信息的特征表示等），也尝试过许多方法来结合常识与直接感知（如知识图谱、多模态信息等）。这些研究都富有成果，其中许多都已应用于现实生活中，甚至用于社会管理、商业、军事等领域。

1.2.1　自然语言处理的基本问题

自然语言处理主要研究能实现人与计算机之间用自然语言有效通信的各种理论和方法，其基本问题如下所示。

语言建模：计算一个句子在一个语言中出现的概率。这是一个高度抽象的问题，在第 8 章有相关的详细介绍。它的一种常见形式是，给出句子的前几个词，预测下一个词是什么。

词性标注：句子都是由单独的词构成的，自然语言处理有时需要标注出句子中每一个词的词性。需要注意的是，句子中的词并不是独立的，在研究过程中，通常需要考虑词的上下文。

中文分词：中文的最小单位是字，但单个字的意义往往不明确或者含义较多，并且在多语言的任务中与其他以词为基本单位的语言不对等。因此无论是从语言学特性，还是从模型设计的角度来说，都需要将中文句子恰当地切分为单个的词。

句法分析：由于人类表达的时候只能逐词地按顺序说出句子，因此自然语言的句子也是扁平的序列。但这并不代表着一个句子中不相邻的词之间就没有关系，也不代表着整个句子中的词只有前后关系。它们之间的关系是复杂的，可能需要用树状结构或图才能表示清楚。在句法分析中，人们希望通过明确句子内两个或多个词的关系来了解整个句子的结构。句法分析的最终结果是一棵句法树。

情感分类：给出一个句子，我们希望知道这个句子表达了什么情感。情感分类有时候是指正面/负面的二元分类，有时候是指更细粒度的分类。情感分类的结果有时候是仅仅给出一个句子，有时候是指定对于特定对象的态度/情感。

机器翻译：最常见的是把源语言的一个句子翻译成目标语言的一个句子。与语言建模相似，如给定目标语言一个句子的前几个词，预测下一个词是什么，最终预测出来的整个目标语言句子必须与给定的源语言句子具有完全相同的含义。

阅读理解：其有许多种实现形式。有时候是输入一个段落或一个问题，生成一个回答（类似问答），或者在原文中标定一个范围作为回答（类似从原文中找对应句子），有时候是输出一个分类（类似选择题）。

1.2.2　传统方法与神经网络方法的比较

本书主要从以下 3 个方面来对传统方法与神经网络方法进行比较。

1. 人工参与程度

传统的自然语言处理方法中，人工参与程度非常高，比如基于规则的方法就是由人完全控制的。人用自己的专业知识完成了对某一个具体任务的抽象和建立模型，对模型中一切可能出现的案例提出解决方案，定义和设计了整个系统中的所有行为。这种人工过度参与的现象在基于传统统计学方法出现以后略有改善，人们开始让出对系统行为的控制。被显式构建的是对任务的建模和对特征的定义，然后系统的行为就由概率模型来决定了，而概率模型中的参数估计则依赖于所使用的数据和特征工程中所设计的输入特征。到了深度学习时代，也不需要特征工程了，只需要人工构建一个合理的概率模型，而特征抽取就由精心设计的神经网络架构来完成；人们甚至已经在探索神经网络架构搜索的方法，这意味着人们将把部分概率模型的设计交给深度学习代劳。

总而言之，人工的参与程度将越来越低，但系统的效果会越来越好。这是合理的，因为人们对于世界的认识和建模总是片面的、有局限性的。如果可以将自然语言处理系统的构建自动化，将其基于对世界的观测点（即数据集），那么所建立的模型和方法通常会比人类的认知更加符合真实的世界。

2. 数据量

随着自然语言处理系统中人工参与的程度越来越低，系统的细节就需要更多的信息来决定，这些信息只能来自更多的数据。今天，当我们提到神经网络方法时，都喜欢把它描述为"数据驱动的方法"。

从人们使用传统的统计学方法开始，如何取得大量的标注数据就已经是一个难题。随着神经网络架构的日益复杂，网络中的参数也呈现爆炸式的增长。特别是近年来深度学习加速硬件的算力突飞猛进，人们对于使用巨量的参数更加"肆无忌惮"，这就显得数据量日益"捉襟见肘"。

特别是一些资源少的语言和领域中，数据短缺问题更加严重。

这种数据的短缺，促使人们研究各种方法来提高数据利用效率（data efficiency）。于是零次学习（zero-shot learning）、领域自适应（domain adaptation）等半监督乃至非监督的方法应运而生。

3. 可解释性

人工参与程度的降低带来的另一个问题是模型的可解释性越来越低。在理想状况下，如果系统非常有效，那么人们根本不需要关心黑盒系统的内部构造。但事实是自然语言处理系统的状态离"完美"还有相当大的差距，因此当模型出现问题的时候，人们总是希望知道问题的原因，并且找到相应的办法来避免或解决问题。

一个模型能允许人们检查它的运行机制和问题成因，允许人们干预和解决问题，这一点是非常重要的，尤其是对于一些商用生产的系统。在传统的基于规则的方法中，一切规则都是由人手动规定的，要更改系统的行为非常容易；而在传统的统计学方法中，许多参数和特征都有明确的语言学含义，要想定位或者解决问题通常也非常容易。

然而现在主流的神经网络模型都不具备这种能力。它就像黑箱子，你可以知道它有问题，或者有时候可以通过改变它的设定来大致猜测问题的成因；但要想定位和解决问题则往往无法在模型中直接完成，而要在后处理（post-processing）的阶段重新拾起"旧武器"——基于规则的方法。

这种隐忧使得人们开始探索如何提高模型的可解释性这一领域，主要的做法包括试图解释现有的模型和试图建立透明度较高的新模型等。然而要做到完全理解一个神经网络的行为并控制它，还有很长的路要走。

1.2.3　发展趋势

从传统方法与神经网络方法的比较中，可以看出自然语言处理的模型和系统构建是向着越来越自动化、模型越来越通用的趋势发展的。

一开始，人们试图减少和去除人类专家的参与。因此就有了大量的网络参数、复杂的架构设计，这些都是通过在概率模型中提供潜在变量（latent variable），使得模型具有捕捉和表达复杂规则的能力。这一阶段，人们渐渐地摆脱了人工制定的规则和特征工程，同一种网络架构可以被许多自然语言任务通用。

之后，人们觉得每一次为新的自然语言处理任务设计一个新的模型架构并从头训练的过程过于烦琐，于是试图开发利用这些任务底层所共享的语言特征。在这一背景下，迁移学习逐渐发展，从前神经网络时代的 LDA（Latent Dirichlet Allocation，潜在狄利克雷分布）、Brown Clusters（布朗聚类算法），到早期深度学习中的预训练词向量 Word2Vec、Glove 等，再到今天"家喻户晓"的预训练语言模型 ELMo、BERT（Bidirectional Encoder Representations from Transformers，双向编码）。这使得不仅模型架构可以通用，连训练好的模型参数也可以通用了。

现在人们希望神经网络的架构都可以不需要设计，而可以根据具体的任务和数据来搜索得到。这一新兴领域方兴未艾，可以预见随着研究的深入，自然语言处理的自动化程度一定会得到极大提高。

1.3　强化学习

1.3.1　什么是强化学习

强化学习是机器学习的一个重要分支，它与非监督学习、监督学习并列为机器学习的 3 类主要学习方法，三者之间的关系如图 1.7 所示。强化学习强调如何基于环境行动，以取得最大化的预期利益，所以强化学习可以被理解为决策问题。它是多学科、多领域交叉的产物，其灵感来自心理学的行为主义理论，即有机体如何在环境给予的奖励或惩罚的刺激下，逐步形成对刺激的预期，产生能获得最大利益的习惯性行为。强化学习的应用范围非常广泛，各领域对它的研究重点各有不同。在本书中，我们不对这些分支展开讨论，而专注于强化学习的通用概念。

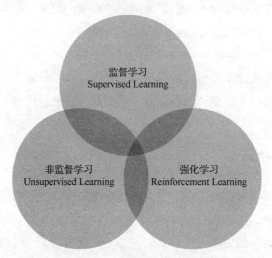

图 1.7　强化学习、监督学习和非监督学习的关系

在实际应用中，人们常常会把强化学习、监督学习和非监督学习这三者混淆。为了更深刻地理解强化学习和它们之间的区别，首先我们介绍监督学习和非监督学习的概念。

监督学习是指通过带有标签或对应结果的样本训练得到一个最优模型，再利用这个模型将所有的输入映射为相应的输出，以实现分类。

非监督学习是指在样本的标签未知的情况下，根据样本间的相似性对样本集进行聚类，使类内差距最小化，学习出分类器。

上述两种学习方法都会学习从输入到输出的映射，它们学习的是输入和输出之间的关系，可以告诉算法什么样的输入对应着什么样的输出。而强化学习得到的是反馈，它是在没有任何标签的情况下，先通过尝试做出一些行为得到一个结果，再通过这个结果是对还是错的反馈，调整之前的行为。在不断的尝试和调整中，算法学习到了在什么样的情况下选择什么样的行为可以得到最好的结果。此外，监督式学习的反馈是即时的，而强化学习的反馈是有延时的，很可能需要走了很多步以后才知道之前某一步的选择是对还是错。

1. 强化学习的4个元素

强化学习主要包含 4 个元素：智能体（agent）、环境状态（state）、行动（action）、反馈（reward）。它们之间的关系如图 1.8 所示，详细定义如下所示。

（1）智能体：智能体是执行任务的实体，只能通过与环境互动来提升策略。

（2）环境状态（s_t）：在每一个时间节点，智能体所处的环境的表示即为环境状态。

（3）行动（a_t）：在每一个环境状态中，智能体可以采取的动作即为行动。

（4）反馈（r_t）：每到一个环境状态，智能体就有可能会收到一个反馈。

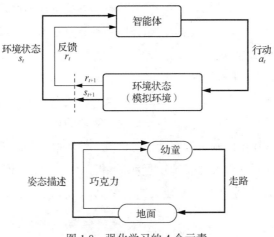

图 1.8　强化学习的 4 个元素

2. 强化学习算法的目标

强化学习算法的目标就是获得最多的累计奖励（正反馈）。以"幼童学习走路"为例：幼童需要自主学习走路，没有人指导他应该如何完成"走路"，他需要不断地尝试和接收外界对他的反馈来学习走路。

如图 1.8 所示，幼童即为智能体，"走路"这个任务实际上包含以下几个阶段：站起来、保持平衡、迈出左腿、迈出右腿……幼童采取行动进行尝试，当他成功完成了某个子任务时（如站起来等），他就会获得一个巧克力（正反馈）；当他做出了错误的动作时，他会被轻轻拍打一下（负反馈）。幼童不断地尝试和调整，找出了一套最佳的策略，这套策略能使他获得最多的巧克力。显然，他学习出的这套策略能使他顺利完成"走路"这个任务。

3. 强化学习的特征

强化学习的特征如下。

（1）没有监督者，只有一个反馈信号。

（2）反馈是延迟的，不是立即生成的。

另外，强化学习是序列学习，时间在强化学习中具有重要的意义；智能体的行为会影响以后所有的决策。

1.3.2　强化学习算法简介

强化学习主要可以分为 Model-Free（无模型的）和 Model-Based（有模型的）两大类。Model-Free 算法又分成基于概率的算法和基于价值的算法。

1. Model-Free 和 Model-Based

如果智能体不需要理解或计算环境模型，算法就是 Model-Free；相应地，如果需要计算环境模型，算法就是 Model-Based。实际应用中，研究者通常用如下方法进行判断：在智能体执行它的动作之前，它能不能对下一步的状态和反馈做出预测。如果能，那就是 Model-Based 算法；如果不能，即为 Model-Free 算法。

两种算法各有优劣。在 Model-Based 算法中，智能体可以根据模型预测下一步的结果，并提前规划行动路径。但真实模型和学习到的模型是有误差的，这种误差会导致智能体虽然在模型中表现很好，但是在真实环境中可能达不到预期效果。Model-Free 算法看似随意，但这恰好更易于研究者们去实现和调整。

2. 基于概率的算法和基于价值的算法

基于概率的算法直接输出下一步要采取的各种动作的概率，然后根据概率采取行动。每种动作都有可能被选中，只是可能性不同。基于概率的算法的代表为 policy-gradient（策略梯度）算法。而基于价值的算法输出的则是所有动作的价值，然后根据最高价值来选择动作。相比基于概率的算法，基于价值的算法的决策部分更为"死板"——只选价值最高的；而基于概率的，即使某个动作的概率最高，但是还是不一定会选到它。基于价值的算法的代表算法为 Q-Learning 算法。

1.3.3　强化学习的应用

1. 交互性检索

交互性检索是在检索用户不能构建良好的检索式（关键词）的情况下，通过与检索平台交流互动并不断修改检索式，从而获得较为准确的检索结果的过程。

如图 1.9 所示，在交互性检索中，机器作为智能体，在不断尝试的过程中（提供给用户可能的问题答案）接收来自用户的反馈（对答案的判断），最终找到符合要求的结果。

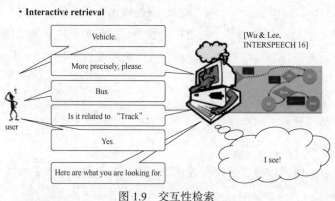

图 1.9　交互性检索

2. 新闻推荐

如图 1.10 所示，一次完整的推荐过程包含以下几个步骤：一个用户点击 App 底部或者下拉刷新，后台获取到用户请求，并根据用户的标签召回候选新闻；推荐引擎则对候选新闻进行排序，最终给用户推送 10 篇新闻，如此往复，直到用户关闭 App，停止浏览新闻。将用户持续浏览新闻的推荐过程看成一个决策过程，就可以通过强化学习学习每一次推荐的最佳策略，从而使得用户从开始打开 App 开始到关闭 App 这段时间内的新闻点击量最高。

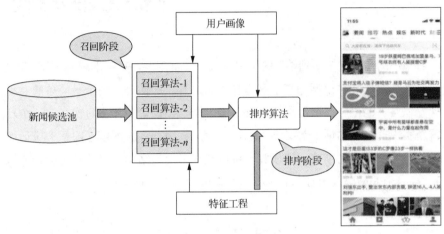

图 1.10　新闻推荐

在此例中，推荐引擎作为智能体，通过连续的行动，即推送 10 篇新闻，获取来自用户的反馈，即点击——如果用户点击了新闻，则为正反馈，否则为负反馈，然后从中学习出奖励最高（点击量最高）的策略。

1.4　本章小结

本章简要介绍了深度学习的应用领域。卷积神经网络可以模拟人类处理视觉信息的方式提取图像特征，极大地推动了计算机视觉领域的发展。自然语言处理是典型的时序信息分析问题，其主要应用包括句法分析、情感分类、机器翻译等。强化学习强调智能体与环境的交互与决策，具有广泛的应用价值。通过引入深度学习，模型的函数拟合能力可以得到显著的提升，从而可以应用到一系列高层任务中。本章列出的 3 个应用领域只是举例，目前还有许多领域在深度学习技术的推动下进行着变革，有兴趣的读者可以深入了解。

第 2 章
深度学习框架

深度学习采用的是一种"端到端"的学习模式，从而在很大程度上减轻了研究人员的负担。但是随着神经网络的发展，模型的复杂度也在不断提升。即使是在一个最简单的卷积神经网络中也会包含卷积层、池化层、激活层、Flatten 层、全连接层等。如果每次搭建一个新的网络之前都需要重新实现这些层的话，势必会占用许多时间，因此各大深度学习框架应运而生。框架存在的意义就是屏蔽底层的细节，使研究者可以专注于模型结构。目前较为流行的深度学习框架有 Caffe、TensorFlow 以及 PyTorch 等。本章将依次对其进行介绍。

2.1 Caffe

2.1.1 什么是 Caffe

卷积神经网络框架（Convolutional Architecture for Fast Feature Embedding，Caffe）是一种常用的深度学习框架，主要应用在视频、图像处理等方面。Caffe 是一个清晰、可读性高、快速的深度学习框架。Caffe 的作者是贾扬清，其为加州大学伯克利分校的博士，现就职于 Facebook 公司。

Caffe 是一个主流的工业级深度学习工具，精于图像处理。它有很多扩展，但是由于一些遗留的架构问题，它不够灵活，且对递归网络和语言建模的支持很差。对于基于层的网络结构，Caffe 扩展性不好；而用户如果想要增加层，则需要自己实现前向传播、反向传播以及参数更新。

2.1.2 Caffe 的特点

Caffe 的基本工作流程是设计建立在神经网络的一个简单假设，所有的计算都是以层的形式表示的，如网络层所做的事情就是接收输入数据，然后输出计算结果。比如卷积层就是输入一幅图像，然后和这一层的参数（filter）进行卷积，最终输出卷积结果。每层需要两个函数计算，一个是 forward，从输入计算到输出；另一个是 backward，从上层给的 gradient 来计算相对于输入层的 gradient。这两个函数实现之后，我们就可以把许多层连接成一个网络，这个网络输入数据（图像、语音或其他原始数据），然后计算需要的输出（比如识别的标签）。我们在训练的时候，可以根据已有的标签计算 loss 和 gradient，然后用 gradient 来更新网络中的参数。

  Caffe 是一个清晰而高效的深度学习框架。它基于纯粹的 C++/CUDA 架构，支持命令行、Python 和 MATLAB 接口，可以在 CPU 和 GPU 之间直接无缝切换。它的模型与优化都通过配置文件来设置，无须代码。Caffe 设计之初就做到了尽可能的模块化，允许对数据格式、网络层和损失函数进行扩展。Caffe 的模型定义是用 Protocol Buffer（协议缓冲区）语言以任意有向无环图的形式写进配置文件的。Caffe 会根据网络需要正确占用内存，通过一个函数调用实现 CPU 和 GPU 之间的切换。Caffe 中每一个单一的模块都对应一个测试，使得测试的覆盖非常方便，同时提供 Python 和 MATLAB 接口，用这两种语言进行调用都是可行的。

2.1.3　Caffe 概述

  Caffe 是一种对新手非常友好的深度学习框架，它的相应优化都是以文本形式而非代码形式给出。Caffe 中的网络都是有向无环图的集合，可以直接定义。Caffe 网络的定义如图 2.1 所示。

```
name: "dummy-net"
layers {name: "data" …}
layers {name: "conv" …}
layers {name: "pool" …}
layers {name: "loss" …}
```

图 2.1　Caffe 网络的定义

  数据及其导数以 blob 的形式在层间流动，Caffe 层的定义由两部分组成：层属性与层参数，如图 2.2 所示。

```
name:"conv1"
type:CONVOLUTION
bottom:"data"
top:"conv1"
convolution_param{
    num_output:20
    kernel_size:5
    stride:1
    weight_filler{
        type: "xavier"
    }
}
```

图 2.2　Caffe 层的定义

  图 2.2 的前 4 行是层属性，定义了层名称、层类型以及层连接结构；而后半部分是各种层参数。blob 是存储数据的 4 维数组，例如数据表示为 Number*Channel*Height*Width，卷积权重表示为 Output*Input*Height*Width，卷积偏置表示为 Output*1*1*1。

  在 Caffe 模型中，定义网络参数也非常方便，可以像图 2.3 所示的那样随意配置相应参数。感觉上更像在配置服务器参数而不像是代码。

```
test_iter: 100

test_interval: 500

base_lr: 0.01
momentum: 0.9
weight_decay: 0.0005

lr_policy: "
gamma: 0.0001
power: 0.75

display: 100

max_iter: 10000

snapshot: 5000
snapshot_prefix: "
solver mode: GPU
```

图 2.3　Caffe 参数配置

2.2　TensorFlow

2.2.1　什么是 TensorFlow

TensorFlow 是一个采用数据流图（data flow graph）进行数值计算的开源软件库。节点（node）在数据流图中表示数学操作，线（edge）则表示在节点间相互联系的多维数据数组，即张量（tensor）。它灵活的架构让你可以在多种平台上展开计算。TensorFlow 由 Google 大脑小组（隶属于 Google 机器智能研究机构）的研究员和工程师们开发，用于机器学习和深度神经网络方面的研究，但这个系统的通用性使其也可广泛用于其他计算领域。

2.2.2　数据流图

如图 2.4 所示，数据流图用"节点"和"线"的有向图来描述数学计算。"节点"一般用来表示施加的数学操作，但也可以表示数据输入（feed in）的起点/输出（push out）的终点，或者是读取/写入持久变量（persistent variable）的终点。"线"表示"节点"之间的输入/输出关系。这些数据"线"可以输运"size 可动态调整"的多维数据数组，即"张量"。

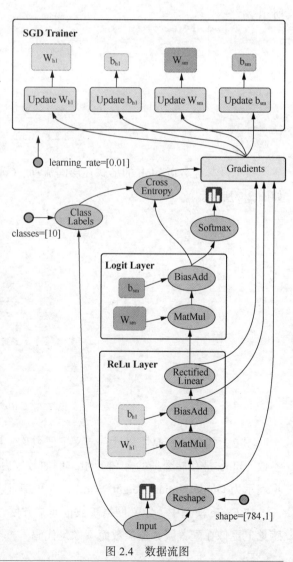

图 2.4　数据流图

张量从图中"流过"的直观图像是这个工具取名为"TensorFlow"的原因。一旦输入端的所有张量准备好，节点将被分配到各种计算设备，完成异步与并行的运算。

2.2.3　TensorFlow 的特点

TensorFlow 不是一个严格的"神经网络"库。只要用户将计算表示为一个数据流图就可以使用 TensorFlow。用户负责构建图，描写驱动计算的内部循环。TensorFlow 提供有用的工具来帮助用户组装"子图"，当然用户也可以自己在 TensorFlow 基础上写自己的"上层库"。定义新复合操作和写一个 Python 函数一样容易。TensorFlow 的可扩展性相当强，如果用户找不到想要的底层数据操作，也可以自己写一些 C++代码来丰富底层的操作。

TensorFlow 可在 CPU 和 GPU 上运行，比如可以运行在台式计算机、服务器、手机移动设备等。TensorFlow 支持自动在多个 CPU 上规模化运算训练模型，以及将模型迁移到移动端后台。

基于梯度的机器学习算法会受益于 TensorFlow 自动求微分的能力。作为 TensorFlow 用户，只需要定义预测模型的结构，将这个结构和目标函数（objective function）结合在一起，并添加数据，TensorFlow 将自动为用户计算相关的导数。计算某个变量相对于其他变量的导数仅仅是通过扩展你的图来完成的，所以用户能一直清楚地看到究竟在发生什么。

TensorFlow 还有一个合理的 C++使用界面，也有一个易用的 Python 使用界面来构建和执行你的图。你可以直接写 Python/C++程序，也可以通过交互式的 IPython 界面来使用 TensorFlow，尝试实现你的想法。TensorFlow 可以帮用户将笔记、代码、可视化结果等有条理地归置好。

2.2.4　TensorFlow 概述

TensorFlow 中的 Flow，也就是流，是其完成运算的基本方式。流是指一个计算图或简单的一个图，图不能形成环路，图中的每个节点代表一个操作，如加法、减法等。每个操作都会导致新的张量形成。

图 2.5 展示了一个简单的计算图，所对应的表达式为：e = (a+b)*(b+1)。计算图具有以下属性。

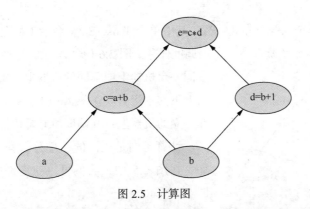

图 2.5　计算图

第一，叶子顶点或起始顶点始终是张量，即操作永远不会发生在图的开头，由此可以推断，图中的每个操作都应该接收一个张量并产生一个新的张量。

第二，张量不能作为非叶子节点出现，这意味着它们应始终作为输入提供给操作/节点。

第三，计算图总是以层次顺序表达复杂的操作，通过将 a + b 表示为 c，将 b + 1 表示为 d，可以分层次组织上述表达式。因此，可以将 e 写为：e = (c)*(d)，这里 c = a+b 且 d = b+1。以反序遍历图形而形成子表达式，这些子表达式组合起来形成最终表达式。当我们正向遍历时，遇到的顶点总是成为下一个顶点的依赖关系，例如没有 a 和 b 就无法获得 c。同样地，如果不"解决"c 和 d，则无法获得 e。

第四，计算图的并行，即同级节点的操作彼此独立，这是计算图的重要属性之一。当我们按照图 2.5 中所示的方式构造一个计算图时，很自然的是，在同一级中的节点，例如 c 和 d，彼此独立。这意味着没有必要在计算 d 之前计算 c，因此它们可以并行执行。

前面提到的最后一个属性——计算图的并行当然是最重要的属性之一。它清楚地表明，同级的节点是独立的。这意味着在 c 被计算之前不需空闲，可以在计算 c 的同时并行计算 d。TensorFlow 充分利用了这个属性。

TensorFlow 允许用户使用并行计算设备更快地执行操作。计算的节点或操作自动调度进行并行计算。这一切都发生在内部，例如在图 2.5 中，可以在 CPU 上调度操作 c，在 GPU 上调度操作 d。

图 2.6 展示了两种分布式执行的过程。

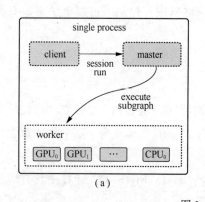 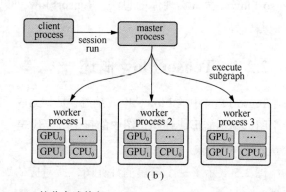

图 2.6　TensorFlow 的分布式执行

图 2.6（a）是单个系统分布式执行，其中单个 TensorFlow 会话（将在稍后解释）创建单个 worker，并且该 worker 负责在各设备上调度任务。图 2.6（b）所示的有多个 worker，它们可以在同一台机器上或不同的机器上，每个 worker 都在自己的上下文中运行。在图 2.6（b）中，worker process1 运行在独立的机器上，并调度所有可用设备进行计算。

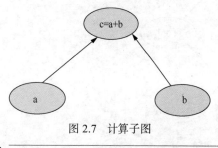

图 2.7　计算子图

计算子图是主图的一部分，其本身就是计算图。例如，在图 2.5 中，我们可以获得许多子图，其中之一如图 2.7 所示。

图 2.7 是主图的一部分，可以说子图总是表示一个子表达式，因为 c 是 e 的子表达式。子图也满足最后一个属性，即同一级别的子图也相互独立，可以并行执行。因此可以在一台设备上调度整个子图。

图 2.8 解释了子图的并行执行。这里有 2 个矩阵（MatMul）乘法运算，它们都处于同一级别且彼此独立，这符合计算图的第四个属性。由于独立性，节点安排在不同的设备 gpu_0 和 gpu_1 上。

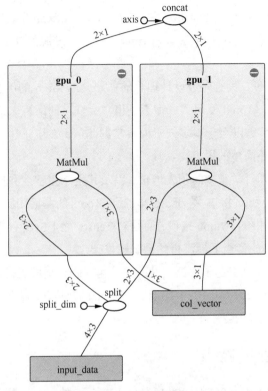

图 2.8　子图调度

TensorFlow 将其所有操作分配到由 worker 管理的不同设备上。更常见的是，worker 之间交换张量形式的数据，例如在 e=(c)*(d) 的计算图中，一旦计算出 c，就需要将其传递给 e，因此张量在节点间前向流动。worker 间信息传递如图 2.9 所示。

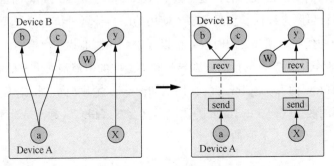

图 2.9　worker 间信息传递

通过以上的介绍，读者可以对 TensorFlow 的一些基本特点和运转方式有一个大致的了解。

2.3　PyTorch

2.3.1　什么是 PyTorch

2017 年 1 月，Facebook 人工智能研究院（Facebook Artificial Intelligence Research，FAIR）团队在 GitHub（代码托管平台）上开源了 PyTorch——一个开源的 Python 机器学习库，并迅速占领 GitHub 热度榜榜首。

作为一个 2017 年发布、具有先进设计理念的框架，PyTorch 的历史可追溯到 2002 年，其诞生于纽约大学的 Torch。Torch 使用了一种不是很"大众"的语言 Lua 作为接口。Lua 简洁高效，但由于其过于"小众"，以至于很多人听说要掌握 Torch 必须新学一门语言就望而却步（其实 Lua 是一门比 Python 还简单的语言）。

考虑到 Python 在计算科学领域的领先地位，以及其生态完整性和接口易用性，几乎任何框架都不可避免地要提供 Python 接口。终于，在 2017 年，Torch 的幕后团队推出了 PyTorch。PyTorch 不是简单地封装 Torch 提供的 Python 接口，而是对 Tensor 之上的所有模块进行了重构，并新增了先进的自动求导系统，成为当下最流行的动态图框架之一。

PyTorch 一经推出就立刻引起了广泛关注，并迅速在研究领域流行起来。PyTorch 自发布起关注度就在不断上升，截至 2017 年 10 月 18 日，PyTorch 的热度已然超越了其他 3 个框架（Caffe、MXNet 和 Theano），并且其热度还在持续上升中。

2.3.2　PyTorch 的特点

PyTorch 可以看作加入了 GPU 支持的 NumPy（Python 的一个扩展程序库）。TensorFlow 与 Caffe 都是命令式的编程语言，而且是静态的，即首先必须构建一个神经网络，然后一次又一次使用同样的结构。如果想要改变网络的结构，就必须从头开始。但是 PyTorch 通过一种反向自动求导的技术，可以让用户零延迟地任意改变神经网络的行为。尽管这项技术不是 PyTorch 独有，但目前为止它的实现是最快的，这也是 PyTorch 相比 TensorFlow 而言最大的优势。

PyTorch 的设计思路是线性、直观且易于使用的。当计算机执行一行代码时，它会忠实地执行，所以当用户的代码出现 bug 的时候，可以轻松、快捷地找到出错的代码，不会让用户在 Debug（调试）的时候因为错误的指向或者异步和不透明的引擎浪费太多的时间。

相对于 TensorFlow 而言，PyTorch 的代码更加简洁、直观。同时相比于 TensorFlow 高度工业化的、很难看懂的底层代码，PyTorch 的源代码就要友好得多，更容易看懂。深入 API，理解 PyTorch 底层肯定是一件令人高兴的事。

2.3.3　PyTorch 概述

PyTorch 最大的优势是建立的神经网络是动态的，可以非常容易地输出每一步的调试结果，相比于其他框架来说，调试起来十分方便。

如图 2.10 和图 2.11 所示，PyTorch 的图是随着代码的运行逐步建立起来的，也就是说使用者并不需要在一开始就定义好全部的网络结构，而是可以随着编码的进行来一点一点地调试。相比于 TensorFlow 和 Caffe 的静态图而言，这种设计显得更加贴近大多数人的编码习惯。

A graph is created on the fly

W_h h W_x x

```
from torch.autograd import Variable

x = Variable(torch.randn(1, 10))
prev_h = Variable(torch.randn(1, 20))
W_h = Variable(torch.randn(20, 20))
W_x = Variable(torch.randn(20, 10))
```

图 2.10 动态图 1

Back-propagation uses the dynamically built graph

```
from torch.autograd import Variable

x = Variable(torch.randn(1, 10))
prev_h = Variable(torch.randn(1, 20))
W_h = Variable(torch.randn(20, 20))
W_x = Variable(torch.randn(20, 10))

i2h = torch.mm(W_x, x.t())
h2h = torch.mm(W_h, prev_h.t())
next_h = i2h + h2h
next_h = next_h.tanh()

next_h.backward(torch.ones(1, 20))
```

图 2.11 动态图 2

PyTorch 的代码示例如图 2.12 所示。相比于 TensorFlow 和 Caffe 而言，PyTorch 可读性非常高，网络各层的定义与传播方法一目了然，甚至不需要过多的文档与注释，单凭代码就可以很容易理解其功能，这使其成了许多初学者的首选。

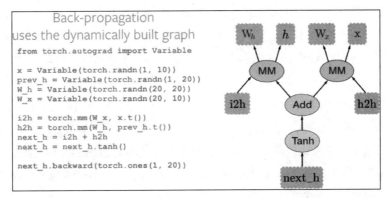

```
import torch.nn as nn
import torch.nn.functional as F

class LeNet(nn.Module):
    def __init__(self):
        super(LeNet, self).__init__()
        self.conv1 = nn.Conv2d(3, 6, 5)
        self.conv2 = nn.Conv2d(6, 16, 5)
        self.fc1 = nn.Linear(16 * 5 * 5, 120)
        self.fc2 = nn.Linear(120, 84)
        self.fc3 = nn.Linear(84, 10)

    def forward(self, x):
        x = F.max_pool2d(F.relu(self.conv1(x)), 2)
        x = F.max_pool2d(F.relu(self.conv2(x)), 2)
        x = x.view(-1, 16 * 5 * 5)
        x = F.relu(self.fc1(x))
        x = F.relu(self.fc2(x))
        x = self.fc3(x)
        return x
```

图 2.12 PyTorch 的代码示例

2.4　三者的比较

1．Caffe

Caffe 的优点是简洁、快速，缺点是缺少灵活性。Caffe 灵活性的缺失主要是因为它的设计缺陷。在 Caffe 中最主要的抽象对象是层，每实现一个新的层，必须要利用 C++实现它的前向传播和反向传播代码；而如果想要新的层运行在 GPU 上，还需要同时利用 CUDA 实现这一层的前向传播和反向传播。这种限制使得不熟悉 C++和 CUDA 的用户扩展 Caffe 十分困难。

Caffe 凭借其易用性、简洁明了的源码、出众的性能和快速的原型设计获取了众多用户，曾经占据深度学习领域的"半壁江山"。但是在"深度学习新时代"到来之时，Caffe 已经表现出明显的力不从心，诸多问题逐渐显现，包括灵活性缺失、扩展难、依赖众多环境且难以配置、应用局限等。尽管现在在 GitHub 上还能找到许多基于 Caffe 的项目，但是新的 Caffe 的项目已经越来越少。

Caffe 的作者从加州大学伯克利分校毕业后加入了 Google 公司，参与过 TensorFlow 的开发，后来离开 Google 公司加入 FAIR 公司，担任工程主管，并开发了 Caffe2。Caffe2 是一个兼具表现力、速度和模块性的开源深度学习框架。它沿袭了大量的 Caffe 设计，可解决多年来在 Caffe 的使用和部署中发现的瓶颈问题。Caffe2 的设计追求轻量级，在保有扩展性和高性能的同时，Caffe2 也强调了便携性。Caffe2 从一开始就以性能、扩展、移动端部署作为主要设计目标。Caffe2 的核心 C++库能提供高速和便携性，而其 Python 和 C++API 使用户可以轻松地在 Linux、Windows、iOS、Android，甚至 Raspberry Pi 和 NVIDIA Tegra 上进行原型设计、训练和部署。

Caffe2 继承了 Caffe 的优点，在速度上令人印象深刻。FAIR 与应用机器学习团队合作，利用 Caffe2 大幅加速机器视觉任务的模型训练过程，仅需 1 小时就训练完 ImageNet 这样超大规模的数据集。然而尽管开发已超过一年，Caffe2 仍然是一个不太成熟的框架，官网至今未提供完整的文档，其安装也比较麻烦，编译过程时常出现异常，在 GitHub 上也很少找到相应的代码。

"极盛"的时候，Caffe 占据了计算机视觉研究领域的一半，虽然如今 Caffe 已经很少用于学术界，但是仍有不少计算机视觉相关的论文使用 Caffe。由于其稳定、出众的性能，不少公司还在使用 Caffe 部署模型。Caffe2 尽管做了许多改进，但是还远没有达到替代 Caffe 的地步。

2．TensorFlow

在很大程度上，TensorFlow 可以看作 Theano 的后继者，它们不仅有很大一批共同的开发者，而且拥有相近的设计理念，都是基于计算图实现自动微分系统。TensorFlow 使用数据流图进行数值计算，节点代表数学运算，而边则代表在这些节点之间传递的多维数组（张量）。

TensorFlow 编程接口支持 Python 和 C++。随着 1.0 版本的公布，Java、Go、R 和 Haskell API 的 alpha 版本也被支持。此外，TensorFlow 还可在 Google Cloud 和 AWS 中运行。TensorFlow 还支持 Windows 7、Windows 10 和 Windows Server 2016。由于 TensorFlow 使用 C++ Eigen 库，所以库可在 ARM 架构上编译和优化。这也就意味着用户可以在各种服务器和移动设备上部署

自己的训练模型，无须执行单独的模型解码器或者加载 Python 解释器。

作为当前最流行的深度学习框架之一，TensorFlow 获得了极大的成功，但对它的批判也不绝于耳，总结起来主要有以下 4 点。

（1）过于复杂的系统设计。TensorFlow 在 GitHub 代码仓库的总代码量超过 100 万行。这么大的代码仓库，对于项目维护者来说，维护成了一个难以完成的任务；而对读者来说，学习 TensorFlow 底层运行机制更是一个极其痛苦的过程，并且大多数时候这种尝试以放弃告终。

（2）频繁变动的接口。TensorFlow 的接口一直处于快速迭代之中，并且没有很好地考虑向后兼容性，这导致现在许多开源代码已经无法在新版的 TensorFlow 上运行，也间接导致了许多基于 TensorFlow 的第三方框架出现 bug。

（3）难以理解的概念。由于接口设计过于晦涩难懂，所以在设计 TensorFlow 时，创造了图、会话、命名空间、PlaceHolder 等诸多抽象概念，对普通用户来说难以理解。同一个功能，TensorFlow 提供了多种实现，这些实现使用中还有细微的区别，很容易将用户带入"坑"中。

（4）文档和教程缺乏明显的条理和层次。作为一个复杂的系统，TensorFlow 只考虑到文档的全面性，而没有为用户提供一个真正循序渐进的入门教程。

由于直接使用 TensorFlow 的生产力过于低下，包括 Google 官方等众多开发者尝试基于 TensorFlow 构建一个更易用的接口，Keras、Sonnet、TFLearn、TensorLayer、Slim、Fold、PrettyLayer 等第三方框架每隔几个月就会被报道一次，但是大多又归于沉寂。至今 TensorFlow 仍没有一个统一易用的接口。

凭借 Google 公司强大的推广能力，TensorFlow 已经成为当今"炙手可热"的深度学习框架，但是由于自身的缺陷，TensorFlow 离最初的设计目标还很遥远。另外，由于 Google 公司对 TensorFlow 略显严格的把控，目前各大公司都在开发自己的深度学习框架。

3. PyTorch

PyTorch 是当前难得的简洁、优雅且高效、快速的框架。PyTorch 的设计追求最少的封装，尽量避免"重复造轮子"。不像 TensorFlow 中充斥着 session、graph、operation、name_scope、variable、tensor 等全新的概念，PyTorch 的设计遵循 tensor→variable(autograd)→nn.Module 这 3 个由低到高的抽象层次，分别代表高维数组（张量）、自动求导（变量）和神经网络（层/模块），而且这 3 个抽象之间联系紧密，可以同时进行修改等操作。

简洁的设计带来的另外一个好处就是代码易于理解。PyTorch 的源码只有 TensorFlow 的十分之一左右，更少的抽象、更直观的设计使得 PyTorch 的源码十分易于阅读和理解。

PyTorch 的灵活性不以降低速度为代价。在许多评测中，PyTorch 的速度表现胜过 TensorFlow 和 Keras 等框架。框架的运行速度和程序员的编码水平有极大关系，但同样的算法，使用 PyTorch 实现的更有可能快过用其他框架实现的。

同时，PyTorch 是所有的框架中面向对象设计的最优雅的一个。PyTorch 的面向对象的接口设计来源于 Torch，而 Torch 的接口设计以灵活、易用而著称，Keras 作者最初就是受 Torch 的启发才开发了 Keras。PyTorch 继承了 Torch 的"衣钵"，尤其是 API 的设计和模块的接口都与 Torch 高度一致。PyTorch 的设计更符合人们的思维，它让用户尽可能地专注于实现自己的想法，即"所思即所得",不需要考虑太多关于框架本身的束缚。

PyTorch 提供了完整的文档、循序渐进的指南,作者亲自维护的论坛供用户交流和学习。FAIR 对 PyTorch 提供了强力支持,作为当今排名前三的深度学习研究机构,FAIR 的支持足以确保 PyTorch 获得持续的开发和更新。

在 PyTorch 推出不到一年的时间内,利用 PyTorch 实现的各类深度学习问题的解决方案逐渐在 GitHub 上开放。同时也有许多新发表的论文采用 PyTorch 作为论文实现的工具,PyTorch 正在受到越来越多人的"追捧"。如果说 TensorFlow 的设计是"Make It Complicated",Keras 的设计是"Make It Complicated And Hide It",那么 PyTorch 的设计真正做到了"Keep it Simple,Stupid"。

但是同样地,由于推出时间较短,PyTorch 在 GitHub 上并没有如 Caffe 或 TensorFlow 那样多的代码实现。使用 TensorFlow 能找到很多别人的代码,而对于 PyTorch 的使用者,很多的代码实现可能需要自己完成。

2.5 本章小结

本章介绍了 3 种常用的机器学习框架,其中 TensorFlow 和 PyTorch 是目前较流行的两种开源框架。在以往版本的实现中,TensorFlow 主要提供静态图构建的功能,因此具有较高的运算性能,但是模型的调试分析成本较高。PyTorch 主要提供动态图计算的功能,API 设计接近 Python 原生语法,因此易用性较好,但是在优化方面不如 TensorFlow。这导致 TensorFlow 大量用于人工智能(Artificial Intelligence,AI)企业的模型部署,而学术界大量使用 PyTorch 进行研究。不过目前我们也看到两种框架正在"吸收"对方的优势,例如 TensorFlow 的 eager 模式就是对动态图的一种尝试。另外,目前也有许多独具特色的机器学习框架,如 PaddlePaddle、MXNet、XGBoost 等,有兴趣的读者可以深入了解。

第3章
机器学习基础知识

深度学习是作为机器学习的一个分支发展而来的，因此有必要介绍机器学习的基础知识。本章首先介绍模型评估与模型参数选择，这些知识在深度学习中具有相当重要的地位。而后，本章简要介绍监督学习与非监督学习。大多数基础的深度学习模型都是基于监督学习的，但是随着模型复杂度的提高，模型对数据的需求量也日益增加。因此，许多研究者都在尝试将非监督学习应用到深度学习中，以便获得更佳廉价的训练数据。

3.1 模型评估与模型参数选择

如何评估一些训练好的模型并从中选择最优的模型参数？对于给定的输入 x，若某个模型的输出 $\hat{y} = f(x)$ 偏离真实目标值 y，那么就说明模型存在**误差**；$\hat{y}$ 偏离 y 的程度可以用关于 $\hat{y}$ 和 y 某个函数 $L(y, \hat{y})$ 来表示，作为误差的度量标准：这样的函数 $L(y, \hat{y})$ 称为损失函数。

在某种损失函数度量下，训练集上的平均误差被称为**训练误差**，测试集上的误差称为**泛化误差**。由于我们训练得到一个模型最终的目的是为了在未知的数据上得到尽可能准确的结果，因此泛化误差是衡量一个模型泛化能力的重要标准。

之所以不能把训练误差作为模型参数选择的标准，是因为训练集可能存在以下问题：①训练集样本太少，缺乏代表性；②训练集中本身存在错误的样本，即**噪声**。如果片面地追求训练误差的最小化，就会导致模型参数复杂度增加，使得模型**过拟合**（Overfitting），如图 3.1 所示。

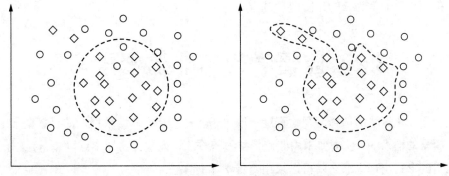

图 3.1 拟合与过拟合

为了选择效果最佳的模型，防止过拟合的问题，通常可以采取的方法有：

（1）使用验证集调参；

（2）对损失函数进行正则化。

3.1.1　验证

模型不能过拟合于训练集，否则将不能在测试集上得到最优结果；但是否能直接以测试集上的表现来选择模型参数呢？答案是否。因为这样的模型参数将会是针对某个特定测试集的，得出来的评价标准将会失去其公平性，失去了与其他同类或不同类模型相比较的意义。

这就好比要证明某一个学生学习某门课程的能力比别人强（模型算法的有效性），那么就要让他和其他学生听一样的课、做一样的练习（相同的训练集），然后以这些学生没做过的题目来考查他们（测试集与训练集不能交叉）。如果我们直接在测试集上调参，那就相当于让这个学生针对考试题目来复习，这样与其他学生的比较显然是不公平的。

因此参数的选择（**调参**）必须在一个独立于训练集和测试集的数据集上进行，这样用于模型调参的数据集被称为**开发集**或**验证集**。

然而很多时候我们能得到的数据量非常有限。这个时候我们可以不显式地使用验证集，而是重复使用训练集和测试集，这种方法称为**交叉验证**。常用的交叉验证方法如下。

（1）简单交叉验证。在训练集上使用不同的超参数训练，使用测试集选出最佳的一组超参数设置。

（2）K 重交叉验证（K-fold cross validation）。将数据集划分成 K 等份，每次使用其中一份作为测试集，剩余的作为训练集；如此进行 K 次划分之后，选择最佳的模型。

3.1.2　正则化

为了避免过拟合，需要选择参数复杂度较小的模型。这是因为如果有两个效果相同的模型，而它们的参数复杂度不相同，那么冗余的复杂度一定是过拟合导致的。为了选择复杂度较小的模型，一种策略是在优化目标中加入**正则化项**，以惩罚冗余的复杂度：

$$\min_{\theta} L(y, \hat{y}; \theta) + \lambda \cdot J(\theta)$$

其中 θ 为模型参数，$L(y, \hat{y}; \theta)$ 为原来的损失函数，λ 用于调整正则化项的权重，$J(\theta)$ 为正则化项。正则化项通常为 θ 的某阶向量范数。

3.2　监督学习与非监督学习

模型与最优化算法的选择，很大程度上取决于能得到什么样的数据。如果数据集中样本点只包含了模型的输入 x，就需要采用非监督学习的算法；如果这些样本点以 $\langle x, y \rangle$ 这样的输入-输出二元组的形式出现，那么就可以采用监督学习的算法。

3.2.1　监督学习

在监督学习中，我们根据训练集 $\{\langle \boldsymbol{x}^{(i)}, \boldsymbol{y}^{(i)} \rangle\}_{i=1}^{N}$ 中的观测样本点来优化模型 $f(\cdot)$，使得给定测试样例 $\boldsymbol{x}'$ 作为模型输入，其输出 $\hat{\boldsymbol{y}}$ 尽可能接近正确输出 $\boldsymbol{y}'$。

监督学习算法主要适用于两大类问题：回归和分类。这两类问题的区别在于：回归问题的输出是连续值，而分类问题的输出是离散值。

1. 回归

回归问题在生活中非常常见，其最简单的形式之一是一个连续函数的拟合。如果一个购物网站想要计算出其在某个时期的预期收益，研究人员会将相关因素如广告投放量、网站流量、优惠力度等纳入自变量，根据现有数据拟合函数，得到在未来某一时刻的预测值。

回归问题中通常使用均方损失函数来作为度量模型效果的指标，最简单的求解例子之一是最小二乘法。

2. 分类

分类问题也是生活中非常常见的一类问题，例如我们需要从金融市场的交易记录中分类出正常的交易记录以及潜在的恶意交易。

度量分类问题的指标通常为**准确率**（accuracy）：对于测试集中 D 个样本，有 k 个被正确分类，$D-k$ 个被错误分类，则准确率为：

$$\text{accuracy} = \frac{k}{D}$$

然而在一些特殊的分类问题中，属于各类的样本的并不是均一分布，甚至其出现概率相差很多个数量级，这种分类问题称为**不平衡类问题**。在不平衡类问题中，准确率并没有多大意义。例如，当检测一批产品是否为次品时，若次品出现的频率为 1%，那么即使某个模型完全不能识别次品，只要他每次都"蒙"这件产品不是次品，他仍然能够达到 99% 的准确率。显然我们需要一些别的指标。

在不平衡类问题中，我们通常使用 **F-度量** 来作为评价模型的指标。以二元不平衡分类问题为例，这种分类问题往往是异常检测，模型的好坏往往取决于其能否很好地检测出异常，同时尽可能不误报异常。定义占样本少数的类为**正类**（positive class），占样本多数的为**负类**（negative class），那么预测只可能出现 4 种状况：

（1）将正类样本预测为正类（True Positive，TP）；

（2）将负类样本预测为正类（False Positive，FP）；

（3）将正类样本预测为负类（False Negative，FN）；

（4）将负类样本预测为负类（True Negative，TN）。

定义**召回率**（recall）：

$$R = \frac{|TP|}{|TP| + |FN|}$$

召回率度量了在所有的正类样本中模型正确检测的比率，因此也称为**查全率**。

定义**精确率**（precision）：

$$P = \frac{|TP|}{|TP| + |FP|}$$

精确率度量了在所有被模型预测为正类的样本中，模型正确预测的比率，因此也称**查准率**。

F-度量则是在召回率与精确率之间的调和平均数。有时候在实际问题上，若我们更加看重其中某一个度量，还可以给它加上一个权值 α，称为 F_α-度量：

$$F_\alpha = \frac{(1 + \alpha^2)RP}{R + \alpha^2 P}$$

特殊地，当 $\alpha = 1$ 时：

$$F_1 = \frac{2RP}{R + P}$$

可以看到，如果模型"不够警觉"，没有检测出一些正类样本，那么召回率就会受损；而如果模型倾向于"滥杀无辜"，那么精确率就会下降。因此较高的 F-度量意味着模型倾向于"不冤枉一个好人，也不放过一个坏人"，是一个较适合不平衡类问题的指标。

可用于分类问题的模型很多，例如 Logistic 回归分类器、感知器、神经网络等。本书将在第 4、5、7 章对以上算法进行介绍。

3.2.2 非监督学习

在非监督学习中，数据集 $\{x^{(i)}\}_{i=1}^{N}$ 中只有模型的输入，而并不提供正确的输出，$y^{(i)}$ 作为监督信号。

非监督学习通常用于这样的分类问题：给定一些样本的特征值，而不给出它们正确的分类，也不给出所有可能的类别；而是通过学习确定这些样本可以分为哪些类别、它们各自都属于哪一类。这一类问题称为**聚类**。

非监督学习得到的模型的效果应该使用何种指标来衡量呢？由于没有期望输出 y，我们采取一些其他办法来度量其模型效果。

（1）直观检测，这是一种非量化的方法。例如对文本的主题进行聚类，我们可以在直观上判断属于同一个类的文本是否具有某个共同的主题，这样的分类是否有明显的语义上的共同点。由于这种评价非常主观，通常不采用。

（2）基于任务的评价。如果聚类得到的模型被用于某个特定的任务，我们可以维持该任务中其他的设定不变，而使用不同的聚类模型，通过某种指标度量该任务的最终结果来间接判断聚类模型的优劣。

（3）人工标注测试集。有时候采用非监督学习的原因是人工标注成本过高，导致标注数据缺乏，只能使用无标注数据来训练。在这种情况下，可以人工标注少量的数据作为测试集，用于建立量化的评价指标。

3.3　本章小结

　　本章对机器学习基础知识进行了介绍，这部分是理解后续高级操作的基础，需要读者认真消化。监督学习与非监督学习主要针对数据集定义。有监督数据集需要人工标注，成本较为高昂，但是在训练模型时往往能够保障效果。无监督数据集一般不需要过多的人工操作，可以通过爬虫等方式自动、大量获得。由于没有监督信息的约束，需要设计巧妙的学习算法才能有效利用无监督数据集训练模型，不过大量廉价数据可以从另一个方面提高模型性能。模型评估需要根据模型的训练历史判断模型是否处于欠拟合或过拟合状态。尽管有一定的规律作为指导，而且有一些工具可以辅助分析，但是模型的评估过程一般需要较为丰富的经验。读者可以在深度学习实验中有意识地训练自己的模型评估能力。

第4章
PyTorch 深度学习基础

在介绍 PyTorch 之前，读者需要先了解 NumPy。NumPy 是用于科学计算的框架，它提供了一个 N 维矩阵对象 ndarray 和初始化、计算 ndarray 的函数，以及变换 ndarray 形状、组合拆分 ndarray 的函数。

PyTorch 的 Tensor 和 NumPy 的 ndarray 十分类似，但是 Tensor 具备两个 ndarray 不具备而对于深度学习来说非常重要的功能。其一是 Tensor 能用利用 GPU 计算，GPU 根据芯片性能的不同，在进行矩阵运算时，能比 CPU 快几十倍。其二是 Tensor 在计算时，能够作为节点自动地加入计算图，而计算图可以为其中的每个节点自动计算微分，也就是说当我们使用 Tensor 时，就不需要手动计算微分了。下面，我们首先介绍 Tensor 对象及其运算。后文给出的代码都依赖于以下两个模块。

```
import torch
import numpy as np
```

4.1 Tensor 对象及其运算

Tensor 对象是一个任意维度的矩阵，但是一个 Tensor 中所有元素的数据类型必须一致。torch 包含的数据类型和普遍编程语言的数据类型类似，包含浮点型、有符号整型和无符号整型。这些类型既可以定义在 CPU 上，也可以定义在 GPU 上。在使用 Tensor 数据类型时，可以通过 dtype 属性指定它的数据类型，device 指定它的设备（CPU 或者 GPU）。

```
1 #torch.tensor
2 print('torch.Tensor 默认为:{}'.format(torch.Tensor(1).dtype))
3 print('torch.tensor 默认为:{}'.format(torch.tensor(1).dtype))
4 # 可以用 list 构建
5 a = torch.tensor([[1,2],[3,4]], dtype=torch.float64)
6 # 也可以用 ndarray 构建
7 b = torch.tensor(np.array([[1,2],[3,4]]), dtype=torch.uint8)
8 print(a)
9 print(b)
10
11 # 通过 device 指定设备
12 cuda0 = torch.device('cuda:0')
13 c = torch.ones((2,2), device=cuda0)
```

```
14 print(c)
>>> torch.Tensor 默认为:torch.float32
>>> torch.tensor 默认为:torch.int64
>>> tensor([[1., 2.],
           [3., 4.]], dtype=torch.float64)
>>> tensor([[1, 2],
           [3, 4]], dtype=torch.uint8)
>>> tensor([[1., 1.],
           [1., 1.]], device='cuda:0')
```

通过 device 在 GPU 上定义变量后，可以在终端上通过 nvidia-smi 命令查看显存（显卡内存）占用。torch 还支持在 CPU 和 GPU 之间复制变量。

```
1 c = c.to('cpu', torch.double)
2 print(c.device)
3 b = b.to(cuda0, torch.float)
4 print(b.device)
>>> cpu
>>>cuda:0
```

对 Tensor 执行算数运算符的运算，是两个矩阵对应元素的运算。torch.mm 执行矩阵乘法的运算。

```
1 a = torch.tensor([[1,2],[3,4]])
2 b = torch.tensor([[1,2],[3,4]])
3 c = a * b
4 print("逐元素相乘:", c)
5 c = torch.mm(a, b)
6 print("矩阵乘法: ", c)
>>>逐元素相乘: tensor([[ 1,  4],
        [ 9, 16]])
>>>矩阵乘法:  tensor([[ 7, 10],
        [15, 22]])
```

此外，还有一些具有特定功能的函数，这里列举一部分。torch.clamp 起到分段函数的作用，可用于去掉矩阵中过小或者过大的元素；torch.round 将小数转为整数；torch.tanh 计算双曲正切函数，该函数将数值映射到(0,1)。

```
1 a = torch.tensor([[1,2],[3,4]])
2 torch.clamp(a, min=2, max=3)
>>> tensor([[2, 2],
           [3, 3]])
1 a = torch.tensor([-1.1, 0.5, 0.501, 0.99])
2 torch.round(a)
>>> tensor([[2, 2],
           [3, 3]])
1 a = torch.Tensor([-3,-2,-1,-0.5,0,0.5,1,2,3])
2 torch.tanh(a)
>>> tensor([-0.9951, -0.9640, -0.7616, -0.4621,  0.0000,  0.4621,  0.7616,  0.9640,
            0.9951])
```

除了直接从 ndarray 或 list 类型的数据中创建 Tensor，PyTorch 还提供了一些可直接创建数据的函数，这些函数往往需要提供矩阵的维度。torch.arange 和 Python 内置的 range 的使用方法基本相同，其中第 3 个参数是步长。torch.linspace 的第 3 个参数指定返回的个数。torch.ones 返回全 0，torch.zeros 返回全 0 矩阵。

```
1 print(torch.arange(5))
2 print(torch.arange(1,5,2))
3 print(torch.linspace(0,5,10))
>>> tensor([0, 1, 2, 3, 4])
>>> tensor([1, 3])
>>> tensor([0.0000, 0.5556, 1.1111, 1.6667, 2.2222, 2.7778, 3.3333, 3.8889, 4.4444,
          5.0000])
1 print(torch.ones(3,3))
2 print(torch.zeros(3,3))
>>> tensor([[1., 1., 1.],
           [1., 1., 1.],
           [1., 1., 1.]])
>>> tensor([[0., 0., 0.],
           [0., 0., 0.],
           [0., 0., 0.]])
```

torch.rand 返回范围为[0,1]的均匀分布采样的元素所组成的矩阵,torch.randn 返回从正态分布采样的元素所组成的矩阵,torch.randint 返回指定区间的均匀分布采样的随机整数所生成的矩阵。

```
1 torch.rand(3,3)
>>> tensor([[0.0388, 0.6819, 0.3144],
           [0.7826, 0.0966, 0.4319],
           [0.6758, 0.2630, 0.9727]])
1 torch.randn(3,3)
>>> tensor([[-0.6956,  0.6792,  0.8957],
           [ 0.2271,  0.9885, -0.7817],
           [-0.2658,  1.5465, -0.2519]])
>>>
1 torch.randint(0, 9, (3,3))
>>> tensor([[5, 2, 7],
           [8, 4, 8],
           [2, 1, 4]])
```

4.2 Tensor 的索引和切片

Tensor 支持基本索引和切片操作,不仅如此,它还支持 ndarray 中的高级索引(整数索引和布尔索引)操作。

```
1 a = torch.arange(9).view(3,3)
2 # 基本索引
3 a[2,2]
>>> tensor(8)
1 #切片
2 a[1:, :-1]
>>> tensor([[3, 4],
           [6, 7]])
1 #带步长的切片(PyTorch 现在不支持负步长)
2 a[::2]
>>> tensor([[0, 1, 2],
           [6, 7, 8]])
```

```
1 # 整数索引
2 rows = [0, 1]
3 cols = [2, 2]
4 a[rows, cols]
>>> tensor([2, 5])
1 #  布尔索引
2 index = a>4
3 print(index)
4 print(a[index])
>>> tensor([[0, 0, 0],
            [0, 0, 1],
            [1, 1, 1]], dtype=torch.uint8)
>>> tensor([5, 6, 7, 8])
```

torch.nonzero 用于返回非零值的索引矩阵。

```
1 a = torch.arange(9).view(3, 3)
2 index = torch.nonzero(a >= 8)
3 print(index)
>>> tensor([[2, 2]])
1 a = torch.randint(0, 2, (3,3))
2 print(a)
3 index = torch.nonzero(a)
4 print(index)
>>> tensor([[0, 0, 1],
            [0, 0, 1],
            [1, 1, 0]])
>>> tensor([[0, 2],
            [1, 2],
            [2, 0],
            [2, 1]])
```

torch.where(condition, x, y)判断 condition 的条件是否满足。当某个元素满足条件时，则返回对应矩阵 x 相同位置的元素，否则返回矩阵 y 的元素。

```
1 x = torch.randn(3, 2)
2 y = torch.ones(3, 2)
3 print(x)
4 print(torch.where(x > 0, x, y))
>>> tensor([[ 0.0914, -0.8913],
            [-0.0046,  0.0617],
            [ 1.0744, -1.2068]])
>>> tensor([[0.0914, 1.0000],
            [1.0000, 0.0617],
            [1.0744, 1.0000]])
```

4.3　Tensor 的变换、拼接和拆分

PyTorch 提供了大量的对 Tensor 进行操作的函数或方法，这些函数内部使用指针实现对矩阵的形状变换、拼接和拆分等操作，使得我们无须关心 Tensor 在内存的物理结构或者管理指针就可以方便且快速地执行这些操作。Tensor.nelement、Tensor.ndimension、ndimension.size 可分别用来查看矩阵元素的个数、轴的个数以及维度，属性 Tensor.shape 也可以用来查看 Tensor 的维度。

```
1 a = torch.rand(1,2,3,4,5)
2 print("元素个数", a.nelement())
3 print("轴的个数", a.ndimension())
4 print("矩阵维度", a.size(), a.shape)
>>>元素个数 120
>>>轴的个数 5
>>>矩阵维度 torch.Size([1, 2, 3, 4, 5]) torch.Size([1, 2, 3, 4, 5])
```

在 PyTorch 中，Tensor.view 和 Tensor.reshape 都能被用来更改 Tensor 的维度。它们的区别在于，Tensor.view 要求 Tensor 的物理存储必须是连续的，否则将报错；而 Tensor.reshape 则没有这种要求。但是，Tensor.view 返回的一定是一个索引，更改返回值，则原始值同样被更改；Tensor.reshape 返回的是引用还是复制是不确定的。它们的相同之处是都接收要输出的维度作为参数，且输出的矩阵元素个数不能改变，可以在维度中输入-1，PyTorch 会自动推断它的数值。

```
1 b = a.view(2*3,4*5)
2 print(b.shape)
3 c = a.reshape(-1)
4 print(c.shape)
5 d = a.reshape(2*3, -1)
6 print(d.shape)
>>> torch.Size([6, 20])
>>> torch.Size([120])
>>> torch.Size([6, 20])
```

torch.squeeze 和 torch.unsqueeze 用于为 Tensor 去掉和添加轴。其中 torch.squeeze 用于去掉维度为 1 的轴，而 torch.unsqueeze 用于给 Tensor 的指定位置添加一个维度为 1 的轴。

```
1 b = torch.squeeze(a)
2 b.shape
>>> torch.Size([2, 3, 4, 5])
1 torch.unsqueeze(b, 0).shape
```

torch.t 和 torch.transpose 用于转置二维矩阵。这两个函数只接收二维 Tensor，torch.t 是 torch.transpose 的简化版。

```
1 a = torch.tensor([[2]])
2 b = torch.tensor([[2, 3]])
3 print(torch.transpose(a, 1, 0,))
4 print(torch.t(a))
5 print(torch.transpose(b, 1, 0,))
6 print(torch.t(b))
>>> tensor([[2]])
>>> tensor([[2]])
>>> tensor([[2],
            [3]])
>>> tensor([[2],
            [3]])
```

对于高维度 Tensor，可以使用 permute 方法来变换维度。

```
1 a = torch.rand((1, 224, 224, 3))
2 print(a.shape)
3 b = a.permute(0, 3, 1, 2)
4 print(b.shape)
>>> torch.Size([1, 224, 224, 3])
>>> torch.Size([1, 3, 224, 224])
```

　　PyTorch 提供了 torch.cat 和 torch.stack 用于**拼接**矩阵。不同之处是，torch.cat 在已有的轴 dim 上拼接矩阵，给定轴的维度可以不同，而其他轴的维度必须相同。torch.stack 在新的轴上拼接，它要求被拼接的矩阵的所有维度都相同。下面的例子可以很清楚地表明它们的使用方式和区别。

```
1 a = torch.randn(2, 3)
2 b = torch.randn(3, 3)
3
4 # 默认维度为 dim=0
5 c = torch.cat((a, b))
6 d = torch.cat((b, b, b), dim = 1)
7
8 print(c.shape)
9 print(d.shape)
>>> torch.Size([5, 3])
>>> torch.Size([3, 9])
1 c = torch.stack((b, b), dim=1)
2 d = torch.stack((b, b), dim=0)
3 print(c.shape)
4 print(d.shape)
>>> torch.Size([3, 2, 3])
>>> torch.Size([2, 3, 3])
```

　　除了拼接矩阵，PyTorch 还提供了 torch.split 和 torch.chunk 用于**拆分**矩阵。它们的不同之处在于，torch.split 传入的是拆分后每个矩阵的大小，可以传入 list，也可以传入整数，而 torch.chunk 传入的是拆分的矩阵个数。

```
1 a = torch.randn(10, 3)
2 for x in torch.split(a, [1,2,3,4], dim=0):
3     print(x.shape)
>>> torch.Size([1, 3])
>>> torch.Size([2, 3])
>>> torch.Size([3, 3])
>>> torch.Size([4, 3])
1 for x in torch.split(a, 4, dim=0):
2     print(x.shape)
>>> torch.Size([4, 3])
>>> torch.Size([4, 3])
>>> torch.Size([2, 3])
1 for x in torch.chunk(a, 4, dim=0):
2     print(x.shape)
>>> torch.Size([3, 3])
>>> torch.Size([3, 3])
>>> torch.Size([3, 3])
>>> torch.Size([1, 3])
```

4.4　PyTorch 的 Reduction 操作

　　Reduction 操作的特点是它往往对一个 Tensor 内的元素执行归约操作，比如 torch.max 找极大值、torch.cumsum 计算累加，它还提供了 dim 参数来指定沿矩阵的哪个维度执行操作。

```
1 # 默认求取全局最大值
2 a = torch.tensor([[1,2],[3,4]])
3 print("全局最大值: ", torch.max(a))
4 # 指定维度dim后，返回最大值及其索引
5 torch.max(a, dim=0)
>>>全局最大值: tensor(4)
>>> (tensor([3, 4]), tensor([1, 1]))
1 a = torch.tensor([[1,2],[3,4]])
2 print("沿着横轴计算每一列的累加: ")
3 print(torch.cumsum(a, dim=0))
4 print("沿着纵轴计算每一行的累乘: ")
5 print(torch.cumprod(a, dim=1))
>>>沿着横轴计算每一列的累加:
>>>    tensor([[1, 2],
              [4, 6]])
>>>沿着纵轴计算每一行的累乘:
>>> tensor([[ 1,  2],
           [ 3, 12]])
1 # 计算矩阵的均值、中值、协方差
2 a = torch.Tensor([[1,2],[3,4]])
3 a.mean(), a.median(), a.std()
>>> (tensor(2.5000), tensor(2.), tensor(1.2910))
1 # torch.unique 用来找出矩阵中出现了哪些元素
2 a = torch.randint(0, 3, (3, 3))
3 print(a)
4 print(torch.unique(a))
>>> tensor([[0, 0, 0],
           [2, 0, 2],
           [0, 0, 1]])
>>> tensor([1, 2, 0])
```

4.5 PyTorch 的自动微分

当将 Tensor 的 requires_grad 属性设置为 True 时，PyTorch 的 torch.autograd 会自动追踪它的计算轨迹。当需要计算微分的时候，只需要对最终计算结果的 Tensor 调用 backward 方法，所有计算节点的微分就会被保存在 grad 属性。

```
1 x = torch.arange(9).view(3,3)
2 x.requires_grad
>>> False
1 x = torch.rand(3, 3, requires_grad=True)
2 print(x)
>>> tensor([[0.0018, 0.3481, 0.6948],
           [0.4811, 0.8106, 0.5855],
           [0.4229, 0.7706, 0.4321]], requires_grad=True)
1 w = torch.ones(3, 3, requires_grad=True)
2 y = torch.sum(torch.mm(w, x))
```

```
3 y
>>> tensor(13.6424, grad_fn=<SumBackward0>)
1 y.backward()
2 print(y.grad)
3 print(x.grad)
4 print(w.grad)
>> None
>>> tensor([[3., 3., 3.],
            [3., 3., 3.],
            [3., 3., 3.]])
>>> tensor([[1.1877, 0.9406, 1.6424],
            [1.1877, 0.9406, 1.6424],
            [1.1877, 0.9406, 1.6424]])
```

Tensor.detach 会将 Tensor 从计算图剥离出去，不再计算它的微分。

```
1 x = torch.rand(3, 3, requires_grad=True)
2 w = torch.ones(3, 3, requires_grad=True)
3 print(x)
4 print(w)
5 yy = torch.mm(w, x)
6
7 detached_yy = yy.detach()
8 y = torch.mean(yy)
9 y.backward()
10
11 print(yy.grad)
12 print(detached_yy)
13 print(w.grad)
14 print(x.grad)
>>> tensor([[0.3030, 0.6487, 0.6878],
            [0.4371, 0.9960, 0.6529],
            [0.4750, 0.4995, 0.7988]], requires_grad=True)
>>> tensor([[1., 1., 1.],
            [1., 1., 1.],
            [1., 1., 1.]], requires_grad=True)
>>> None
>>> tensor([[1.2151, 2.1442, 2.1395],
            [1.2151, 2.1442, 2.1395],
            [1.2151, 2.1442, 2.1395]])
>>> tensor([[0.1822, 0.2318, 0.1970],
            [0.1822, 0.2318, 0.1970],
            [0.1822, 0.2318, 0.1970]])
>>> tensor([[0.3333, 0.3333, 0.3333],
            [0.3333, 0.3333, 0.3333],
            [0.3333, 0.3333, 0.3333]])
```

with torch.no_grad()：包括的代码段不会计算微分。

```
1 y = torch.sum(torch.mm(w, x))
2 print(y.requires_grad)
3
4 with torch.no_grad():
5   y = torch.sum(torch.mm(w, x))
6   print(y.requires_grad)
>>> True
>>> False
```

4.6 本章小结

本章介绍了 PyTorch 框架的基本使用方法和工作原理。Tensor 的中文名为张量，本质上是一个多维矩阵。一方面，通过后文的介绍，读者将会很自然地理解 Tensor 在深度学习计算中的重要地位，因此本章讲述的 Tensor 基本操作需要重点掌握。另一方面，PyTorch 的动态图计算依赖于其强大的自动微分功能。理解自动微分不一定会帮助读者提升编程技能水平，但是可以使读者更容易理解 PyTorch 的底层计算过程，从而理解梯度的反向传播等操作。

第5章
Logistic 回归

回归是指这样一类问题：通过统计分析一组随机变量 $x_1, \cdots, x_n$ 与另一组随机变量 $y_1, \cdots, y_n$ 之间的关系，得到一个可靠的模型，使得对于给定的 $\boldsymbol{x} = \{x_1, \cdots, x_n\}$，可以利用这个模型对 $\boldsymbol{y} = \{y_1, \cdots, y_n\}$ 进行预测。在这里，随机变量 $x_1, \cdots, x_n$ 被称为自变量，随机变量 $y_1, \cdots, y_n$ 被称为因变量。例如，当预测房价时，研究员们会选取可能对房价有影响的因素，例如房屋面积、房屋楼层、房屋地点等，作为自变量加入预测模型。研究的任务即建立一个有效的模型，能够准确表示出上述因素与房价之间的关系。

为了不失一般性，我们在本章讨论回归问题的时候，总是假设因变量只有一个。这是因为我们假设各因变量之间是相互独立的，因而多个因变量的问题可以分解成多个回归问题加以解决。在实际求解中，我们只需要使用比本章推导公式中的张量更高一阶的张量，即可以很容易推广到多因变量的情况。

形式化地，在回归中我们有一些数据样本 $\{\langle \boldsymbol{x}^{(n)}, y^{(n)} \rangle\}_{n=1}^{N}$，通过对这些样本进行统计分析，我们获得一个预测模型 $f(\cdot)$，使得对于测试数据 $\boldsymbol{x} = \{x_1, \cdots, x_n\}$，可以得到一个较好的预测值：

$$y = f(\boldsymbol{x})$$

回归问题在形式上与分类问题十分相似，但是在分类问题中预测值 y 是一个离散变量，它代表着通过 $\boldsymbol{x}$ 所预测出来的类别；而在回归问题中，y 是一个连续变量。

在本章中，我们先介绍线性回归模型，然后推广到广义的线性回归模型，并以 Logistic 回归为例分析广义线性回归模型。

5.1 线性回归简介

线性回归模型是指采用线性组合形式的回归模型，在线性回归问题中，因变量和自变量之间是线性关系的。对于第 i 个因变量 x_i，我们乘以权重系数 w_i，取 y 为因变量的线性组合：

$$y = f(\boldsymbol{x}) = w_1 x_1 + \cdots + w_n x_n + b$$

其中 b 为常数项。若 $\boldsymbol{w} = (w_1, \cdots, w_n)$，则上式可以写成向量形式：

$$y = f(\boldsymbol{x}) = \boldsymbol{w}^{\mathrm{T}} \boldsymbol{x} + b$$

可以看到 $\boldsymbol{w}$ 和 b 决定了回归模型 $f(\cdot)$ 的行为。由数据样本可知 $\boldsymbol{w}$ 和 b 有许多方法，例如最小二乘法、梯度下降法等。在这里我们介绍最小二乘法求解线性回归中参数估计的问题。

直觉上，我们希望找到这样的 w 和 b，使得对于训练数据中每一个样本点 $\langle x^{(n)}, y^{(n)} \rangle$，预测值 $f(x^{(n)})$ 与真实值 $y^{(n)}$ 尽可能接近。于是我们需要定义一种"接近"程度的度量方式，即误差函数。在这里我们采用均方误差（Mean Square Error，MSE）作为误差函数：

$$E = \sum_n [y^{(n)} - (w^{\mathrm{T}} x^{(n)} + b)]^2$$

为什么要选择这样一个误差函数呢？这是因为我们做出了这样的假设，给定 x，则 y 的分布服从如下高斯分布（见图 5.1）：

$$p(y|x) \sim N(w^{\mathrm{T}} x + b, \sigma^2)$$

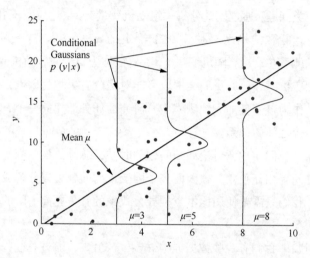

图 5.1　条件概率服从高斯分布

直观上，这意味着在自变量 x 取某个确定值的时候，我们的数据样本点以回归模型预测的因变量 y 为中心、以 σ^2 为方差呈高斯分布。

基于高斯分布的假设，我们得到条件概率 $p(y|x)$ 的对数似然函数：

$$L(w, b) = \log\left(\prod_n \exp\left(-\frac{1}{2\sigma^2}(y^{(n)} - w^{\mathrm{T}} x^{(n)} - b)^2\right)\right)$$

即

$$L(w, b) = -\frac{1}{2\sigma^2} \sum_n (y^{(n)} - w^{\mathrm{T}} x^{(n)} - b)^2$$

极大似然估计：

$$w, b = \underset{w, b}{\operatorname{argmax}} \, L(w, b)$$

由于对数似然函数中 σ 为常数，极大似然估计可以转化为：

$$w, b = \underset{w, b}{\operatorname{argmin}} \sum_n (y^{(n)} - w^{\mathrm{T}} x^{(n)} - b)^2$$

这就是我们选择均方误差函数作为误差函数的概率解释的原因。

我们的目标就是要最小化这样一个误差函数 E，具体做法可以令 E 对于参数 w 和 b 的偏导数为 0。由于我们的问题变成了最小化均方误差，因此习惯上将这种通过解析方法直接求解参数的做法称为最小二乘法。

为了方便矩阵运算，我们将 E 表示成向量形式。令：

$$Y = \begin{bmatrix} y^{(1)} \\ y^{(2)} \\ \vdots \\ y^{(n)} \end{bmatrix}$$

$$X = \begin{bmatrix} \boldsymbol{x}^{(1)} \\ \boldsymbol{x}^{(2)} \\ \vdots \\ \boldsymbol{x}^{(n)} \end{bmatrix} = \begin{bmatrix} x_1^{(1)} & \cdots & x_m^{(1)} \\ x_1^{(2)} & \cdots & x_m^{(2)} \\ \vdots & & \vdots \\ x_1^{(n)} & \cdots & x_m^{(n)} \end{bmatrix}$$

$$\boldsymbol{b} = \begin{bmatrix} b_1 \\ b_2 \\ \vdots \\ b_n \end{bmatrix}, b_1 = b_2 = \cdots = b_n$$

则 E 可表示为：

$$E = (Y - X\boldsymbol{w}^{\mathrm{T}} - \boldsymbol{b})^{\mathrm{T}}(Y - X\boldsymbol{w}^{\mathrm{T}} - \boldsymbol{b})$$

由于 $\boldsymbol{b}$ 的表示较为烦琐，我们不妨更改一下 $\boldsymbol{w}$ 的表示，将 b 视为常数 1 的权重，令：

$$\boldsymbol{w} = (w_1, \cdots, w_n, b)$$

相应地，对 X 做如下更改：

$$X = \begin{bmatrix} \boldsymbol{x}^{(1)}; 1 \\ \boldsymbol{x}^{(2)}; 1 \\ \vdots \\ \boldsymbol{x}^{(n)}; 1 \end{bmatrix} = \begin{bmatrix} x_1^{(1)} & \cdots & x_m^{(1)} & 1 \\ x_1^{(2)} & \cdots & x_m^{(2)} & 1 \\ \vdots & & & \vdots \\ x_1^{(n)} & \cdots & x_m^{(n)} & 1 \end{bmatrix}$$

则 E 可表示为：

$$E = (Y - X\boldsymbol{w}^{\mathrm{T}})^{\mathrm{T}}(Y - X\boldsymbol{w}^{\mathrm{T}})$$

对误差函数 E 求参数 $\boldsymbol{w}$ 的偏导数，我们得到：

$$\frac{\partial E}{\partial \boldsymbol{w}} = 2X^{\mathrm{T}}(X\boldsymbol{w}^{\mathrm{T}} - Y)$$

令偏导为 0，我们得到：

$$\boldsymbol{w} = (X^{\mathrm{T}}X)^{-1}X^{\mathrm{T}}Y$$

因此对于测试向量 $\boldsymbol{x}$，根据线性回归模型预测的结果为：

$$y = \boldsymbol{x}((X^{\mathrm{T}}X)^{-1}X^{\mathrm{T}}Y)^{\mathrm{T}}$$

5.2 Logistic 回归简介

在 5.1 节中，我们假设随机变量 $x_1, \cdots, x_n$ 与 y 之间的关系是线性的。但在实际中，我们通常会遇到非线性关系。这个时候，我们可以使用一个非线性变换 $g(\cdot)$，使得线性回归模型 $f(\cdot)$ 实际上对 $g(y)$ 而非 y 进行拟合，即：

$$y = g^{-1}(f(\boldsymbol{x}))$$

其中 $f(\cdot)$ 仍为：

$$f(\boldsymbol{x}) = \boldsymbol{w}^{\mathrm{T}}\boldsymbol{x} + b$$

因此这样的回归模型称为广义线性回归模型。

广义线性回归模型使用非常广泛。例如在二元分类任务中，我们的目标是拟合这样一个分离超平面 $f(\boldsymbol{x}) = \boldsymbol{w}^{\mathrm{T}}\boldsymbol{x} + b$，使得目标分类 y 可表示为以下阶跃函数：

$$y = \begin{cases} 0, & f(\boldsymbol{x}) \leqslant 0 \\ 1, & f(\boldsymbol{x}) > 0 \end{cases}$$

但是在分类问题中，由于 y 取离散值，这个阶跃判别函数是不可导的。不可导的性质使得许多数学方法不能使用。我们考虑使用一个函数 $\sigma(\cdot)$ 来构造近似这个离散的阶跃函数，通常可以使用 logistic 函数或 tanh 函数。

这里就 logistic 函数（如图 5.2 所示）的情况进行讨论。令：

$$\sigma(x) = \frac{1}{1 + \exp(-x)}$$

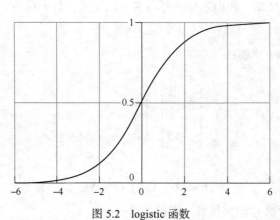

图 5.2　logistic 函数

使用 logistic 函数替代阶跃函数：

$$\sigma(f(\boldsymbol{x})) = \frac{1}{1 + \exp(-\boldsymbol{w}^{\mathrm{T}}\boldsymbol{x} - b)}$$

并定义条件概率：

$$p(y = 1 \mid \boldsymbol{x}) = \sigma(f(\boldsymbol{x}))$$
$$p(y = 0 \mid \boldsymbol{x}) = 1 - \sigma(f(\boldsymbol{x}))$$

这样就可以把离散取值的分类问题近似地表示为连续取值的回归问题：这样的回归模型称为 Logistic 回归模型。

在 logistic 函数中 $g^{-1}(x) = \sigma(x)$，若将 $g(\cdot)$ 还原为 $g(y) = \lg \dfrac{y}{1-y}$ 的形式并移到等式一侧，我们得到：

$$\log \frac{p(y=1 \mid \boldsymbol{x})}{p(y=0 \mid \boldsymbol{x})} = \boldsymbol{w}^{\mathrm{T}} \boldsymbol{x} + b$$

为了求得 Logistic 回归模型中的参数 $\boldsymbol{w}$ 和 b，下面我们对条件概率 $p(y \mid \boldsymbol{x}; \boldsymbol{w}, b)$ 作极大似然估计。

$p(y \mid \boldsymbol{x}; \boldsymbol{w}, b)$ 的对数似然函数为：

$$L(\boldsymbol{w}, b) = \log \left(\prod_n [\sigma(f(\boldsymbol{x}^{(n)}))]^{y^{(n)}} [1 - \sigma(f(\boldsymbol{x}^{(n)}))]^{1-y^{(n)}} \right)$$

即：

$$L(\boldsymbol{w}, b) = \sum_n \left[y^{(n)} \log(\sigma(f(\boldsymbol{x}^{(n)}))) + (1 - y^{(n)}) \log(1 - \sigma(f(\boldsymbol{x}^{(n)}))) \right]$$

这就是常用的交叉熵误差函数的二元形式。

似然函数 $L(\boldsymbol{w}, b)$ 的最大化问题直接求解比较困难，我们可以采用数值方法。常用的方法有牛顿迭代法、梯度下降法等。

5.3　用 PyTorch 实现 Logistic 回归

后文代码依赖于以下 3 个模块。

```
import torch
from torch import nn
from matplotlib import pyplot as plt
%matplotlib inline
```

5.3.1　数据准备

Logistic 回归常用于解决二分类问题。为了便于描述，我们分别从两个多元高斯分布 $N_1(\boldsymbol{\mu}_1, \boldsymbol{\Sigma}_1)$、$N_2(\boldsymbol{\mu}_2, \boldsymbol{\Sigma}_2)$ 中生成数据 x_1 和 x_2，这两个多元高斯分布分别表示两个类别，分别设置其标签为 y_1 和 y_2。

PyTorch 的 torch.distributions 提供了 MultivariateNormal 构建多元高斯分布。下面第 5 ~ 8 行代码设置两组不同的均值向量和协方差矩阵，$\boldsymbol{\mu}_1$(mu1) 和 $\boldsymbol{\mu}_2$(mu2) 是二维均值向量，$\boldsymbol{\Sigma}_1$(sigma1) 和 $\boldsymbol{\Sigma}_2$(sigma2) 是 2×2 的协方差矩阵。在第 11 ~ 12 行，前面定义的均值向量和协方差矩阵作为参数传入 MultivariateNormal，就实例化了两个多元高斯分布 m_1 和 m_2。第 13 ~ 14 行调用 m_1 和 m_2 的 sample 方法分别生成 100 个样本。

第 17 ~ 18 行设置样本对应的标签 y，分别用 0 和 1 表示不同高斯分布的数据，也就是正样本和负样本。第 21 行使用 cat 函数将 x_1(m1) 和 x_2(m2)组合在一起。第 22 ~ 24 行打乱样本和标签的顺序，将数据重新随机排列，这是十分重要的步骤，否则算法的每次迭代只会学习到同一个类别的信息，容易造成模型过拟合。

```
1 import numpy as np
2 from torch.distributions import MultivariateNormal
3
```

```
4  # 设置两组不同的均值向量和协方差矩阵
5  mu1 = -3 * torch.ones(2)
6  mu2 = 3 * torch.ones(2)
7  sigma1 = torch.eye(2) * 0.5
8  sigma2 = torch.eye(2) * 2
9
10 # 各从两个多元高斯分布中生成 100 个样本
11 m1 = MultivariateNormal(mu1, sigma1)
12 m2 = MultivariateNormal(mu2, sigma2)
13 x1 = m1.sample((100,))
14 x2 = m2.sample((100,))
15
16 # 设置正负样本的标签
17 y = torch.zeros((200, 1))
18 y[100:] = 1
19
20 # 组合、打乱样本
21 x = torch.cat([x1, x2], dim=0)
22 idx = np.random.permutation(len(x))
23 x = x[idx]
24 y = y[idx]
25
26 # 绘制样本
27 plt.scatter(x1.numpy()[:,0], x1.numpy()[:,1])
28 plt.scatter(x2.numpy()[:,0], x2.numpy()[:,1])
```

上述代码的第 27 ~ 28 行将生成的样本用 plt.scatter 绘制出来，绘制的结果如图 5.3 所示，可以很明显地看出多元高斯分布生成的样本聚成了两个簇，并且簇的中心分别处于不同的位置（多元高斯分布的均值向量决定了其位置）。右上角簇的样本分布比较稀疏，而左下角簇的样本分布紧凑（多元高斯分布的协方差矩阵决定了分布形状）。读者可自行调整代码第 5 ~ 6 行的参数，观察其变化。

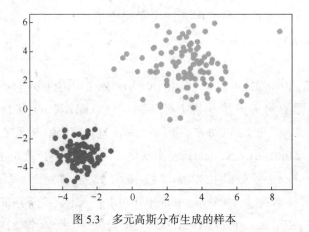

图 5.3　多元高斯分布生成的样本

5.3.2　线性方程

Logistic 回归用输入变量 x 的线性函数表示样本为正类的对数概率。nn.Linear 实现了 $y = xA^T + b$，我们可以直接调用它来实现 Logistic 回归的线性部分。

```
1 D_in, D_out = 2, 1
2 linear = nn.Linear(D_in, D_out, bias=True)
3 output = linear(x)
4
5 print(x.shape, linear.weight.shape, linear.bias.shape, output.shape)
6
7 def my_linear(x, w, b):
8    return torch.mm(x, w.t()) + b
9
10 torch.sum((output - my_linear(x, linear.weight, linear.bias)))
>>> torch.Size([200, 2]) torch.Size([1, 2]) torch.Size([1]) torch.Size([200, 1])
```

上面代码的第 1 行定义了线性模型的输入维度 D_in 和输出维度 D_out，因为前面定义的多元高斯分布 m_1(m1) 和 m_2(m2) 产生的变量是二维的，所以线性模型的输入维度应该定义为 D_in=2；而 Logistic 回归是二分类模型，预测的是变量为正类的概率，所以输出的维度应该为 D_in=1。第 2 ~ 3 行实例化了 nn.Linear，将线性模型应用到数据 x 上，得到计算结果 output。

Linear 的初始参数是随机设置的，可以调用 Linear.weight 和 Linear.bias 获取线性模型的参数。第 5 行输出了输入变量 x、模型参数 weight 和 bias，以及计算结果 output 的维度。第 7 ~ 8 行定义了线性模型 my_linear。第 10 行将 my_linear 的计算结果和 PyTorch 的计算结果 output 进行比较，可以发现它们是一致的。

5.3.3　激活函数

前文介绍了 nn.Linear 可用于实现线性模型，除此之外，torch.nn 还提供了机器学习中常用的激活函数。当 Logistic 回归用于二分类问题时，使用 sigmoid 函数将线性模型的计算结果映射到 0 和 1 之间，得到的计算结果作为样本为正类的置信概率。nn.Sigmoid 提供了 sigmoid 函数的计算，在使用时，将 Sigmoid 类实例化，再将需要计算的变量作为参数传递给实例化的对象。

```
1 sigmoid = nn.Sigmoid()
2 scores = sigmoid(output)
3
4 def my_sigmoid(x):
5    x = 1 / (1 + torch.exp(-x))
6    return x
7
8 torch.sum(sigmoid(output) - sigmoid_(output))
>>> tensor(1.1190e-08, grad_fn=<SumBackward0>)
```

作为练习，第 4 ~ 6 行手动实现 sigmoid 函数，第 8 行通过 PyTorch 验证我们的实现结果，其结果一致。

5.3.4　损失函数

Logistic 回归使用交叉熵作为损失函数。PyTorch 的 torch.nn 提供了许多标准的损失函数，我们可以直接使用 nn.BCELoss 计算二值交叉熵损失。第 1 ~ 2 行调用了 BCELoss 来计算我们实现的 Logistic 回归模型的输出结果 sigmoid(output) 和数据的标签 y。同样地，在第 4 ~ 6 行我们自定义了二值交叉熵函数，在第 8 行将 my_loss 和 PyTorch 的 BCELoss 进行比较，发现其结果一致。

```
1 loss = nn.BCELoss()
2 loss(sigmoid(output), y)
3
4 def my_loss(x, y):
5    loss = - torch.mean(torch.log(x) * y + torch.log(1 - x) * (1 - y))
6    return loss
7
8 loss(sigmoid(output), y) - my_loss(sigmoid_(output), y)
>>> tensor(5.9605e-08, grad_fn=<SubBackward0>)
```

在前面的代码中，我们使用了 torch.nn 包中的线性模型 nn.Linear、激活函数 nn.Softmax、损失函数 nn.BCELoss，它们都继承自 nn.Module 类。而在 PyTorch 中，我们通过继承 nn.Module 来构建我们自己的模型。接下来我们用 nn.Module 来实现 Logistic 回归。

```
1 import torch.nn as nn
2
3 class LogisticRegression(nn.Module):
4    def __init__(self, D_in):
5        super(LogisticRegression, self).__init__()
6        self.linear = nn.Linear(D_in, 1)
7        self.sigmoid = nn.Sigmoid()
8    def forward(self, x):
9        x = self.linear(x)
10        output = self.sigmoid(x)
11        return output
12
13 lr_model = LogisticRegression(2)
14 loss = nn.BCELoss()
15 loss(lr_model(x), y)
>>> tensor(0.8890, grad_fn=<BinaryCrossEntropyBackward>)
```

当通过继承 nn.Module 实现自己的模型时，forward 方法是必须被子类覆写的，在 forward 内部应当定义每次调用模型时执行的计算。从代码中我们可以看出，nn.Module 类的主要作用就是接收 Tensor 然后计算并返回结果。

在一个 Module 中，还可以嵌套其他的 Module，被嵌套的 Module 的属性就可以被自动获取，比如可以调用 nn.Module.parameters 方法获取 Module 所有保留的参数，调用 nn.Module.to 方法将模型的参数放置到 GPU 上等。

```
1 class MyModel(nn.Module):
2    def __init__(self):
3        super(MyModel, self).__init__()
4        self.linear1 = nn.Linear(1, 1, bias=False)
5        self.linear2 = nn.Linear(1, 1, bias=False)
6    def forward(self):
7        pass
8
9 for param in MyModel().parameters():
10    print(param)
>>> Parameter containing:
    tensor([[0.3908]], requires_grad=True)
    Parameter containing:
    tensor([[-0.8967]], requires_grad=True)
```

5.3.5　优化算法

Logistic 回归通常采用梯度下降法优化目标函数。PyTorch 的 torch.optim 包实现了大多数常用的优化算法，使用起来非常简单。首先构建一个优化器，在构建时，需要将待学习的参数传入，然后传入优化器需要的参数，比如学习率。

```
1 from torch import optim
2
3 optimizer = optim.SGD(lr_model.parameters(), lr=0.03)
```

构建完优化器，就可以迭代地对模型进行训练，有两个步骤：首先调用损失函数的 backward 方法计算模型的梯度，然后调用优化器的 step 方法更新模型的参数。需要注意的是，应当提前调用优化器的 zero_grad 方法清空参数的梯度。

```
1 batch_size = 10
2 iters = 10
3 #for input, target in dataset:
4 for _ in range(iters):
5    for i in range(int(len(x)/batch_size)):
6        input = x[i*batch_size:(i+1)*batch_size]
7        target = y[i*batch_size:(i+1)*batch_size]
8        optimizer.zero_grad()
9        output = lr_model(input)
10       l = loss(output, target)
11       l.backward()
12       optimizer.step()
>>>模型准确率为: 1.0
```

5.3.6　模型可视化

Logistic 回归模型的判决边界在高维空间是一个超平面，而我们的数据集是二维的，所以判决边界只是平面内的一条直线，在线的一侧被预测为正类，另一侧则被预测为负类。下面我们实现 draw_decision_boundary 函数。它接收线性模型的参数 w 和 b，以及数据集 x。绘制判决边界的方法十分简单，如第 10 行，只需要计算一些数据在线性模型的映射值，然后调用 plt.plot 绘制线条即可。绘制的结果如图 5.4 所示。

```
1 pred_neg = (output <= 0.5).view(-1)
2 pred_pos = (output > 0.5).view(-1)
3 plt.scatter(x[pred_neg, 0], x[pred_neg, 1])
4 plt.scatter(x[pred_pos, 0], x[pred_pos, 1])
5
6 w = lr_model.linear.weight[0]
7 b = lr_model.linear.bias[0]
8
9 def draw_decision_boundary(w, b, x0):
10    x1 = (-b - w[0] * x0) / w[1]
11    plt.plot(x0.detach().numpy(), x1.detach().numpy(), 'r')
12
13 draw_decision_boundary(w, b, torch.linspace(x.min(), x.max(), 50))
```

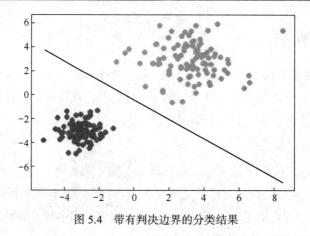

图 5.4　带有判决边界的分类结果

5.4　本章小结

Logistic 回归是深度学习中最基础的非线性模型之一。在介绍 Logistic 回归以前，本章首先介绍了线性回归作为铺垫。线性回归的预测目标是连续变量，而 Logistic 回归的预测目标是二元变量。为了应对这一差异，Logistic 回归在线性回归的基础上加入了 sigmoid 激活函数。本章最后使用 PyTorch 实现了 Logistic 回归模型，读者可以通过这个例子进一步体会深度学习模型构建的整体流程以及框架编程的简便性。

第 6 章
神经网络基础

人工智能的研究者为了模拟人类的认知（cognition），提出了不同的模型。人工神经网络（Artificial Neural Network，ANN）是人工智能中非常重要的一个学派——连接主义（connectionism）最为广泛使用的模型之一。

在传统上，基于规则的符号主义（symbolism）学派认为，人类的认知是基于信息中的模式；而这些模式可以被表示为符号，并且可以通过操作这些符号，显式地使用逻辑规则进行计算与推理。但是要用数理逻辑模拟人类的认知能力却是一件困难的事情，因为人类的大脑是一个非常复杂的系统，拥有着大规模并行式、分布式的表示与计算能力、学习能力、抽象能力和适应能力。

而基于统计的连接主义的模型则从脑神经科学中获得启发，试图将认知所需的功能属性结合到模型中，通过模拟生物神经网络的信息处理方式来构建具有认知功能的模型。类似于生物神经元与神经网络，这类模型具有 3 个特点：

（1）拥有处理信号的基础单元；

（2）处理单元之间以并行方式连接；

（3）处理单元之间的连接是有权重的。

这类模型被称为人工神经网络，多层感知器是最为简单的一种。

6.1 基础概念

要想了解多层感知器，需要先了解以下几个概念。

1. 神经元

神经元（见图 6.1）是基本的信息操作和处理单位。它接收一组输入，将这组输入加权求和后，由激活函数来计算该神经元的输出。

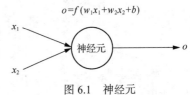

图 6.1 神经元

2. 输入

一个神经元可以接收一组张量作为输入 $x = \{x_1, x_2, \cdots, x_n\}^{\mathrm{T}}$。

3. 连接权值

连接权值向量为一组张量 $W = \{w_1, w_2, \cdots, w_n\}$，其中 w_i 对应输入 x_i 的连接权值；神经元将输

入进行加权求和:

$$s = \sum_i w_i x_i$$

写成向量形式:

$$s = Wx$$

4. 偏置

有时候加权求和会加上一项常数项 b 作为偏置,其中张量 b 的形状要与 Wx 的形状保持一致:

$$s = Wx + b$$

5. 激活函数

激活函数 $f(\cdot)$ 被施加到输入加权和 s 上,产生神经元的输出;这里,若 s 为大于 1 阶的张量,则 $f(\cdot)$ 被施加到 s 的每一个元素上:

$$o = f(s)$$

常用的激活函数如下。

(1)softmax(见图 6.2),适用于多元分类问题,作用是将分别代表 n 个类的 n 个标量归一化,得到这 n 个类的概率分布:

$$\mathrm{softmax}(x_i) = \frac{\exp(x_i)}{\sum_j \exp(x_j)}$$

sigmoid(见图 6.3)通常为 logistic 函数,适用于二元分类问题,是 softmax 的二元版本:

$$\sigma(x) = \frac{1}{1 + \exp(-x)}$$

(2)tanh(见图 6.4)为 logistic 函数的变体:

$$\tanh(x) = \frac{2\sigma(x) - 1}{2\sigma^2(x) - 2\sigma(x) + 1}$$

(3)ReLU(见图 6.5)即修正线性单元(Rectified Linear Unit)。根据公式可知,ReLU 具备引导适度稀疏的能力。因为随机初始化的网络只有一半处于激活状态,并且不会像 sigmoid 那样出现梯度消失(vanishing gradient)的问题。

$$\mathrm{ReLU}(x) = \max(0, x)$$

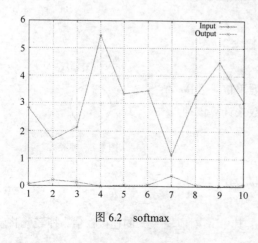

图 6.2　softmax

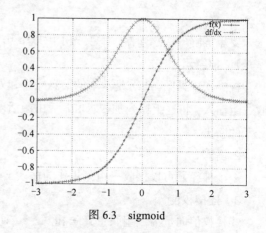

图 6.3　sigmoid

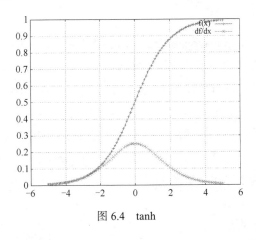
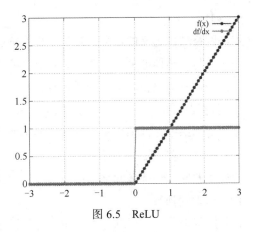

图 6.4　tanh　　　　　　　　　　　图 6.5　ReLU

6. 输出

激活函数的输出 o 即神经元的输出。一个神经元可以有多个输出 $o_1, o_2, \cdots, o_m$ ，对应于不同的激活函数 $f_1, f_2, \cdots, f_m$。

7. 神经网络

神经网络是一个有向图，以神经元为顶点，神经元的输入为顶点的入边，神经元的输出为顶点的出边。因此神经网络实际上是一个计算图（computational graph），可直观地展示一系列对数据进行计算操作的过程。

神经网络是一个端到端（end-to-end）的系统。这个系统接收一定形式的数据作为输入，经过系统内的一系列计算操作后，给出一定形式的数据作为输出；由于神经网络内部进行的各种操作与中间计算结果的意义通常难以直观地解释，因此系统内的运算可以被视为一个黑箱子，这与人类的认知在一定程度上具有相似性：人类总是可以接收外界的信息（视、听），并向外界输出一些信息（言、行），而医学界对信息输入大脑之后是如何进行处理的则知之甚少。

通常地，直观起见，人们对神经网络中的各顶点进行了层次划分，如图 6.6 所示。

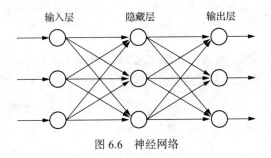

图 6.6　神经网络

（1）输入层

接收来自神经网络外部的数据的顶点，组成输入层。

（2）输出层

向神经网络外部输出数据的顶点，组成输出层。

（3）隐藏层

除了输入层和输出层以外的其他层，均为隐藏层。

8. 训练

神经网络被预定义的部分是计算操作（computational operation），而要使得输入数据通过这些操作之后得到预期的输出，则需要根据一些实际的例子，对神经网络内部的参数进行调整与修正。这个调整与修正内部参数的过程称为训练，训练中使用的实际的例子称为**训练样例**。

9. 监督训练

在监督训练中，训练样本包含神经网络的输入与预期输出，对于一个训练样本 $\langle X, Y \rangle$，将 X 输入神经网络，得到输出 Y'。我们通过一定的标准，计算 Y' 与 Y 之间的**训练误差**（training error），并将这种误差反馈给神经网络，以便神经网络调整连接权重及偏置。

10. 非监督训练

在非监督训练中，训练样本仅包含神经网络的输入。

6.2　感知器

感知器的概念由罗森布拉特·弗兰克（Rosenblatt Frank）在 1957 年提出，它是一种监督训练的二元分类器。

6.2.1　单层感知器

考虑一个只包含一个神经元的神经网络。这个神经元有两个输入 x_1、x_2，权值为 w_1、w_2。其激活函数为符号函数：

$$f(x) = \mathrm{sgn}(x) = \begin{cases} -1, & x < 0 \\ 1, & x \geqslant 0 \end{cases}$$

根据**感知器训练算法**，在训练过程中，若实际输出的激活状态 o 与预期输出的激活状态 y 不一致，则权值按以下方式更新：

$$w' \leftarrow w + \alpha \cdot (y - o) \cdot x$$

其中，w' 为更新后的权值，w 为原权值，y 为预期输出，x 为输入，α 为**学习率**。学习率既可以为固定值，也可以在训练中进行适应性的调整。

例如，我们设定学习率 $\alpha = 0.01$，把权值初始化为 $w_1 = -0.2$、$w_2 = 0.3$，若有训练样例 $x_1 = 5$、$x_2 = 2$；$y = 1$，则实际输出与期望输出不一致：

$$o = \mathrm{sgn}(-0.2 \times 5 + 0.3 \times 2) = -1$$

因此对权值进行调整：

$$w_1 = -0.2 + 0.01 \times 2 \times 5 = -0.1$$

$$w_2 = 0.3 + 0.01 \times 2 \times 2 = 0.34$$

直观上来说，权值更新向着损失减小的方向进行，即网络的实际输出 o 越来越接近预期的输出 y。在这个例子中我们看到，经过以上一次权值更新之后，这个样例输入的实际输出 $o = \mathrm{sgn}(-0.1 \times 5 + 0.34 \times 2) = 1$，已经与正确的输出一致。

我们只需要对所有的训练样例重复以上的步骤，直到所有样本都得到正确的输出即可。

6.2.2   多层感知器

6.2.1 小节中的单层感知器可以拟合一个超平面 $y = ax_1 + bx_2$，适合于线性可分的问题，而对于线性不可分的问题则无能为力。考虑异或函数作为激活函数的情况：

$$f(x_1, x_2) = \begin{cases} 0, & x_1 = x_2 \\ 1, & x_1 \neq x_2 \end{cases}$$

异或函数需要两个超平面才能进行划分。由于单层感知器无法克服线性不可分的问题，人们引入了多层感知器（Multi-Layer Perceptron，MLP），实现了异或运算，如图 6.7 所示。

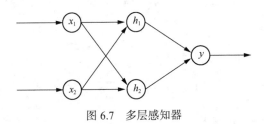

图 6.7   多层感知器

图 6.7 中的隐藏层神经元 h_1、h_2 相当于两个感知器，分别构造一个超平面。

6.3   BP 神经网络

在多层感知器被引入的同时，也引入了一个新的问题：由于隐藏层的预期输出并没有在训练样例中给出，隐藏层结点的误差无法像单层感知器那样直接计算得到。为了解决这个问题，**反向传播**（Back Propagation，BP）算法被引入，其核心思想是将误差由输出层向前层反向传播，利用后一层的误差来估计前一层的误差。反向传播算法由亨利·J.凯利（Henry J. Kelley）在 1960年首先提出，阿瑟·E.布赖森（Arthur E. Bryson）也在 1961 年进一步讨论该算法。使用反向传播算法训练的网络称为 BP 神经网络。

6.3.1   梯度下降

为了使得误差可以反向传播，梯度下降（gradientdescent）的算法被采用，其思想是在权值空间中朝着误差下降最快的方向搜索，找到局部的最小值（见图 6.8）：

$$w \leftarrow w + \Delta w$$

$$\Delta w = -\alpha \nabla \text{Loss}(w) = -\alpha \frac{\partial \text{Loss}}{\partial w}$$

其中，w 为权值，α 为学习率，Loss(·)为**损失函数**（lossfunction）。损失函数的作用是计算实际输出与期望输出之间的误差。

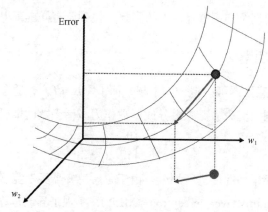

图 6.8　梯度下降

常用的损失函数如下。

（1）均方误差，实际输出为 o_i，预期输出为 y_i：

$$\text{Loss}(o, y) = \frac{1}{n} \sum_{i=1}^{n} \left| o_i - y_i \right|^2$$

（2）交叉熵（Cross Entropy, CE）：

$$\text{Loss}(x_i) = -\log \left(\frac{\exp(x_i)}{\sum_j \exp(x_j)} \right)$$

由于求偏导需要激活函数是连续的，而符号函数不满足连续的要求，因此通常使用连续可微的函数，如 sigmoid 作为激活函数。特别地，sigmoid 具有良好的求导性质：

$$\sigma' = \sigma(1 - \sigma)$$

sigmoid 函数使得计算偏导时较为方便，因此被广泛应用。

6.3.2　反向传播

使得误差反向传播的关键在于利用求偏导的链式法则。我们知道，神经网络是直观展示的一系列计算操作，每个节点可以用一个函数 $f_i(\cdot)$ 来表示。

图 6.9 所示的神经网络则可表达一个以 $w_1, \cdots, w_6$ 为参量，以 $i_1, \cdots, i_4$ 为变量的函数：

$$o = f_3(w_6 f_2(w_5 f_1(w_1 i_1 + w_2 i_2) + w_3 i_3) + w_4 i_4)$$

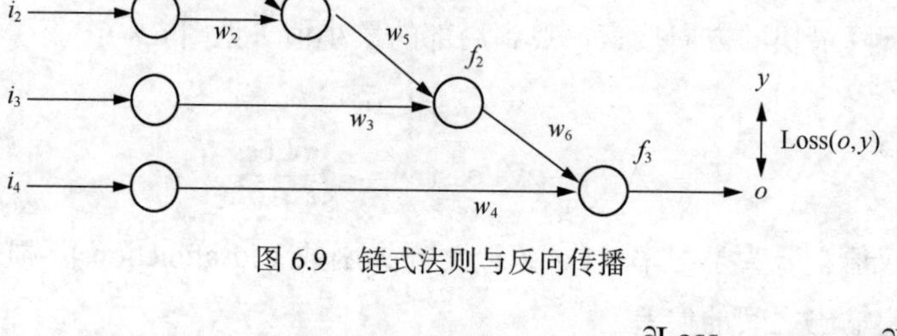

图 6.9　链式法则与反向传播

在梯度下降中，为了求 Δw_k，我们需要用链式规则去求 $\dfrac{\partial \text{Loss}}{\partial w_k}$，例如求 $\dfrac{\partial \text{Loss}}{\partial w_1}$：

$$\frac{\partial \text{Loss}}{\partial w_1} = \frac{\partial \text{Loss}}{\partial f_3} \cdot \frac{\partial f_3}{\partial f_2} \cdot \frac{\partial f_2}{\partial f_1} \cdot \frac{\partial f_1}{\partial w_1}$$

通过这种方式，误差得以反向传播并用于更新每一个连接权值，使得神经网络在整体上逼近损失函数的局部最小值，从而达到训练目的。

6.4　Dropout 正则化

Dropout 是一种正则化技术，通过防止特征的协同适应（co-adaptations），可用于减少神经网络中的过拟合。Dropout 的效果非常好，实现简单且不会降低网络速度，被广泛使用。

特征的协同适应指的是在训练模型时，共同训练的神经元为了相互弥补错误，而相互关联的现象，在神经网络中这种现象会变得尤其复杂。协同适应会转而导致模型的过度拟合，因为协同适应的现象并不会泛化未曾见过的数据。Dropout 从解决特征间的协同适应入手，有效地控制了神经网络的过拟合。

Dropout 在每次训练中，按照一定概率 p，随机地抑制一些神经元的更新，相应地，按照概率 $1-p$ 保留一些神经元的更新。当神经元被抑制时，它的前向传播结果被置为 0，而不管相应的权重和输入数据的数值大小。被抑制的神经元在反向传播中，也不会更新相应权重，也就是说被抑制的神经元在前向传播和反向传播中都不起任何作用。通过随机的抑制一部分神经元，可以有效防止特征的相互适应。

Dropout 的实现方法非常简单，参考如下代码。第 3 行生成了一个随机数矩阵 activations，表示神经网络中隐藏层的激活值。第 4 ～ 5 行构建了一个参数 $p=0.5$ 的伯努利分布，并从中采样一个由伯努利变量组成的掩码矩阵 mask。伯努利变量是只有 0 和 1 两种取值可能性的离散变量。第 6 行将 mask 和 activations 逐元素相乘，mask 中数值为 0 的变量会将相应的激活值置为 0，无论这一激活值本来的数值多大都不会参与到当前网络中更深层的计算，而 mask 中数值为 1 的变量则会保留相应的激活值。

```
1 from torch.distributions import Bernoulli
2
3 activations = torch.rand((5, 5))
4 m = Bernoulli(0.5)
5 mask = m.sample(activations.shape)
6 activations *= mask
7 print(activations)
>>> tensor([[0.0000, 0.5935, 0.0975, 0.0000, 0.5066],
            [0.0000, 0.6437, 0.1462, 0.9188, 0.0000],
            [0.8829, 0.6852, 0.0000, 0.0000, 0.5704],
            [0.0000, 0.6003, 0.0000, 0.4777, 0.0000],
            [0.0000, 0.9796, 0.0000, 0.1457, 0.0000]])
```

因为 Dropout 对神经元的抑制是按照 p 的概率随机发生的，所以使用了 Dropout 的神经网络在每次训练中，学习的几乎都是一个新的网络。另外的一种解释是 Dropout 在训练一个共享部分参数的集成模型。为了模拟集成模型的方法，使用了 Dropout 的网络需要使用到所有的神经元。所以在测试时，Dropout 将激活值乘上一个尺度缩放系数 $1-p$ 以恢复在训练时按概率 p 随机地丢弃神经元所造成的尺度变换，其中的 p 就是在训练时抑制神经元的概率。在实践中（同时也是 PyTorch 的实现方式），通常采用 Inverted Dropout 的方式。在训练时对激活值乘上尺度缩放系数 $\dfrac{1}{1-p}$，而在测试时则什么都不需要做。

Dropout 会在训练和测试时做出不同的行为，PyTorch 的 torch.nn.Module 提供了 train 方法和 eval 方法，通过调用这两个方法可以将网络设置为训练模式或测试模式。这两个方法只对 Dropout 这种训练和测试不一致的网络层起作用，而不影响其他的网络层，后面介绍的 BatchNormalization 也是训练和测试步骤不同的网络层。

下面通过两个实验说明 Dropout 在训练模式和测试模式下的区别。第 5～8 行执行了统计 dropout 影响到的神经元数量，注意因为 PyTorch 的 Dropout 采用了 Inverted Dropout，所以在第 8 行对 activations 乘上了 $1/(1-p)$，以对应 Dropout 的尺度变换。结果发现它大约影响了 50% 的神经元，这一数值和我们设置的 $p=0.5$ 基本一致。换句话说，p 的数值越高，训练中的模型就越精简。第 14～17 行统计了 Dropout 在测试时影响到的神经元数量，结果发现它并没有影响任何神经元，也就是说 Dropout 在测试时并不改变网络的结构。

```
1 p, count, iters, shape = 0.5, 0., 50, (5,5)
2 dropout = nn.Dropout(p)
3 dropout.train()
4
5 for _ in range(iters):
6     activations = torch.rand(shape) + 1e-5
7     output = dropout(activations)
8     count += torch.sum(output == activations * (1/(1-p)))
9
10 print("train 模式 Dropout 影响了{}的神经元".format(1 - float(count)/(activations.
nelement()*iters)))
11
12 count = 0
13 dropout.eval()
14 for _ in range(iters):
15     activations = torch.rand(shape) + 1e-5
16     output = dropout(activations)
17     count += torch.sum(output == activations)
18 print("eval 模式 Dropout 影响了{}的神经元".format(1 - float(count)/(activations.
nelement()*iters)))
>>> train 模式 Dropout 影响了 0.49119999999999997 的神经元
>>> eval 模式 Dropout 影响了 0.0 的神经元
```

6.5　Batch Normalization

在训练神经网络时，往往需要标准化（normalization）输入数据，使得网络的训练更加快速和有效，然而 SGD（Stochastic Gradient Descent，随机梯度下降）等学习算法会在训练中不断改变网络的参数，隐藏层的激活值的分布会因此发生变化，而这一种变化就称为内协变量偏移（Internal Covariate Shift，ICS）。

为了解决 ICS 问题，批标准化（Batch Normalization）固定激活函数的输入变量的均值和方差，使得网络的训练更快。除了加速训练这一优势，Batch Normalization 还具备其他功能：首先，应用了 Batch Normalization 的神经网络在反向传播中有着非常好的梯度流；这样，神经网络对权重的初值和尺度依赖性减少，能够使用更高的学习率，还降低了不收敛的风险。不仅如此，Batch Normalization 还具有正则化的作用，Dropout 也就不再需要了。最后，Batch Normalization 让深度神经网络使用饱和非线性函数成为可能。

6.5.1　Batch Normalization 的实现方式

Batch Normalization 在训练时，用当前训练批次的数据单独的估计每一激活值 $x^{(k)}$ 的均值和方差。为了方便，我们接下来只关注某一个激活值 $x^{(k)}$，并将 k 省略掉，现定义当前批次为具有 m 个激活值的 β：

$$\beta = x_i \ \ (i = 1, \cdots, m)$$

首先，计算当前批次激活值的均值和方差：

$$\mu_\beta = \frac{1}{m} \sum_{i=1}^{m} x_i$$

$$\delta_\beta^2 = \frac{1}{m} \sum_{i=1}^{m} (x_i - \mu_\beta)^2$$

然后用计算好的均值 μ_β 和方差 δ_β^2 标准化这一批次的激活值 x_i，得到 $\hat{x}_i$，为了避免除 0，ϵ 被设置为一个非常小的数字，在 PyTorch 中，默认设置为 1e-5：

$$\hat{x}_i = \frac{x_i - \mu_\beta}{\delta_\beta^2 + \epsilon}$$

这样，我们就固定了当前批次 β 的分布，使得其服从均值为 0、方差为 1 的高斯分布。但是标准化有可能会降低模型的表达能力，因为网络中的某些隐藏层很有可能就是需要输入数据是非标准化分布的，所以 Batch Normalization 对标准化的变量 x_i 加了一步仿射变换 $y_i = \gamma \hat{x}_i + \beta$，添加的两个参数 γ 和 β 用于恢复网络的表示能力，它们和网络原本的权重一起训练。在 PyTorch 中，β 初始化为 0，而 γ 则从均匀分布 $\mathcal{U}(0,1)$ 随机采样。当 $\gamma = \sqrt{\mathrm{Var}[x]}$ 且 $\beta = E[x]$ 时，标准化的激活值则完全恢复成原始值，这完全由训练中的网络自行决定。训练完毕后，γ 和 β 作为中间状态被保存下来。在 PyTorch 的实现中，Batch Normalization 在训练时还会计算移动平均化的均值和方差：

$$\mathrm{running\_mean} = (1 - \mathrm{momentum}) \cdot \mathrm{running\_mean} + \mathrm{momentum} \cdot \mu_\beta$$

$$\mathrm{running\_var} = (1 - \mathrm{momentum}) \cdot \mathrm{running\_var} + \mathrm{momentum} \cdot \delta_\beta^2$$

momentum 默认为 0.1，running_mean 和 running_var 在训练完毕后保留，用于模型验证。

Batch Normalization 在训练完毕后，保留了两个参数 β 和 γ，以及两个变量 running_mean 和 running_var。在模型做验证时，做如下变换：

$$y = \frac{\gamma}{\sqrt{\mathrm{running\_var} + \epsilon}} \cdot x + \left(\beta - \frac{\gamma}{\sqrt{\mathrm{running\_var} + \epsilon}} \cdot \mathrm{running\_mean} \right)$$

6.5.2 Batch Normalization 的使用方法

在 PyTorch 中，nn.BatchNorm1d 提供了 Batch Normalization 的实现，同样地，它也被当作神经网络中的层使用。它有两个十分关键的参数，num_features 确定特征的数量，affine 决定 Batch Normalization 是否使用仿射映射。

下面代码的第 4 行实例化了一个 BatchNorm1d 对象，它接收特征数量 num_features=5 的数据，所以模型的两个中间变量 running_mean 和 running_var 就会被初始化为 5 维的向量，用于统计移动平均化的均值和方差。第 5～6 行输出了这两个变量的数据，可以很直观地看到它们的初始化方式。第 9～11 行从标准高斯分布采样了一些数据然后提供给 Batch Normalization 层。第 14～15 行输出了变化后的 running_mean 和 running_var，可以发现它们的数值发生了一些变化但是基本维持了标准高斯分布的均值和方差数值。第 17～24 行验证了如果我们将模型设置为 eval 模式，这两个变量不会发生任何变化。

```
 1 import torch
 2 from torch import nn
 3
 4 m = nn.BatchNorm1d(num_features=5, affine=False)
 5 print("BEFORE:")
 6 print("running_mean:", m.running_mean)
 7 print("running_var:" ,m.running_var)
 8
 9 for _ in range(100):
10     input = torch.randn(20, 5)
11     output = m(input)
12
13 print("AFTER:")
14 print("running_mean:", m.running_mean)
15 print("running_var:" ,m.running_var)
16
17 m.eval()
18 for _ in range(100):
19     input = torch.randn(20, 5)
20     output = m(input)
21
22 print("EVAL:")
23 print("running_mean:", m.running_mean)
24 print("running_var:" ,m.running_var)
>>> BEFORE:
   running_mean: tensor([0., 0., 0., 0., 0.])
   running_var: tensor([1., 1., 1., 1., 1.])
>>> AFTER:
   running_mean: tensor([-0.0226, 0.0298, 0.0348, 0.0381, -0.0318])
   running_var: tensor([1.0367, 1.0094, 1.1143, 0.9406, 1.0035])
>>> EVAL:
   running_mean: tensor([-0.0226, 0.0298, 0.0348, 0.0381, -0.0318])
   running_var: tensor([1.0367, 1.0094, 1.1143, 0.9406, 1.0035])
```

上面代码的第 4 行设置了 affine=False，也就是不对标准化后的数据采用仿射变换，关于仿射变换的两个参数 β 和 γ 在 BatchNorm1d 中称为 weight 和 bias。下面代码的第 4～5 行输出了这两个变量，显然因为我们关闭了仿射变换，所以这两个变量被设置为 None。现在，我们再实例化一个 BatchNorm1d 对象 m_affine，但是这次设置 affine=True，然后在第 9～10 行输出 m_affine.weight、m_affine.bias。可以看到，正如前面描述的那样，γ 从均匀分布 $U(0,1)$ 随机采样，而 β 被初始化为 0。另外，应当注意，m_affine.weight 和 m_affine.bias 的类型均为 Parameter。也就是说它们和线性模型的权重是一种类型，参与模型的训练，而 running_mean 和 running_var 的类型为 Tensor，这样的变量在 PyTorch 中称为 buffer。buffer 不影响模型的训练，仅作为中间变量更新和保存。

```
 1 import torch
 2 from torch import nn
 3
 4 print("no affine, gamma:", m.weight)
 5 print("no affine, beta :", m.bias)
 6
 7 m_affine = nn.BatchNorm1d(num_features=5, affine=True)
 8 print('')
 9 print("with affine, gamma:", m_affine.weight, type(m_affine.weight))
10 print("with affine, beta:", m_affine.bias, type(m_affine.bias))
>>> no affine, gamma: None
>>> no affine, beta : None
>>>
>>> with affine, gamma: Parameter containing:
    tensor([0.5346, 0.3419, 0.2922, 0.0933, 0.6641], requires_grad=True) <class 'torch.
nn.parameter.Parameter'>
>>> with affine, beta: Parameter containing:
    tensor([0., 0., 0., 0., 0.], requires_grad=True) <class 'torch.nn.parameter.
Parameter'>
```

6.6 本章小结

感知器模型可以算得上是深度学习的基石。最初的单层感知器模型就是为了模拟人脑神经元而提出的，但是就连异或运算都无法模拟。经过多年的研究，人们终于提出了多层感知器模型，用于拟合任意函数。结合高效的反向传播算法，神经网络终于诞生。尽管目前看来，BP 神经网络已经无法胜任许多工作；但是从发展的角度来看，BP 神经网络仍是学习深度学习不可不知的重要部分。本章最后介绍了常用的训练技巧，这些技巧可以有效地提升模型表现，避免过拟合。

第7章
卷积神经网络与计算机视觉

计算机视觉是一门研究如何使计算机识别图片的学科,也是深度学习的主要应用领域之一。在众多深度模型中,卷积神经网络"独领风骚",已经被称为计算机视觉的主要研究工具之一。本章首先介绍卷积神经网络的基本思想,而后给出一些常见的卷积神经网络模型。

7.1 卷积神经网络的基本思想

卷积神经网络最初由 Yann LeCun(杨立昆)等人在 1989 年提出,是最初取得成功的深度神经网络之一。它的基本思想如下。

1. 局部连接

传统的 BP 神经网络,例如多层感知器,前一层的某个节点与后一层的所有节点都有连接,后一层的某一个结点与前一层的所有结点也有连接,这种连接方式成为**全局连接**(见图 7.1)。如果前一层有 M 个结点,后一层有 N 个结点,我们就会有 $M \times N$ 个连接权值,每一轮反向传播更新权值的时候都要对这些权值进行重新计算,造成了 $O(M \times N)=O(n^2)$ 的计算与内存开销。

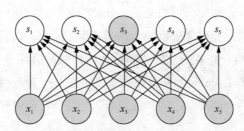

图 7.1 全局连接的神经网络

(图片来源:Goodfellow et al. *Deep Learning*, MIT Press.)

而局部连接的思想就是使得两层之间只有相邻的结点才进行连接,即连接都是"局部"的(见图 7.2)。以图像处理为例,直觉上,图像的某一个局部的像素点组合在一起共同呈现出一些特征,而图像中距离比较远的像素点组合起来则没有什么实际意义,因此这种局部连接的方式可以在图像处理的问题上有较好的表现。如果把连接限制在空间中相邻的 c 个结点,就把连接权值降低到了 $c \times N$,计算与内存开销就降低到了 $O(c \times N)=O(n)$。

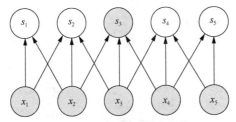

图 7.2　局部连接的神经网络

（图片来源：Goodfellow et al. *Deep Learning*, MIT Press.）

2. 参数共享

既然在图像处理中，我们认为图像的特征具有局部性，那么对于每一个局部使用不同的特征抽取方式（即不同的连接权值）是否合理呢？由于不同的图像在结构上相差甚远，同一个局部位置的特征并不具有共性，对于某一个局部使用特定的连接权值不能让我们得到更好的结果。因此我们考虑让空间中不同位置的结点连接权值进行共享，例如在图 7.2 中，属于结点 s_2 的连接权值：

$$\boldsymbol{w} = \{w_1, w_2, w_3 | w_1 : x_1 \to s_2; w_2 : x_2 \to s_2; w_3 : x_3 \to s_2\}$$

可以被结点 s_3 以

$$\boldsymbol{w} = \{w_1, w_2, w_3 | w_1 : x_2 \to s_3; w_2 : x_3 \to s_3; w_3 : x_4 \to s_3\}$$

的方式共享。其他结点的权值共享类似。

这样一来，两层之间的连接权值就减少到 c 个。虽然在前向传播和反向传播的过程中，计算开销仍为 $O(n)$，但内存开销被减少到常数级别 $O(c)$。

7.2　卷积操作

离散的卷积操作正是这样一种操作，它满足了以上局部连接、参数共享的性质。代表卷积操作的结点层称为**卷积层**。

在泛函分析中，卷积被 $f*g$ 定义为：

$$(f*g)(t) = \int_{-\infty}^{\infty} f(\tau)g(t-\tau)\mathrm{d}\tau$$

则一维离散的卷积操作可以被定义为：

$$(f*g)(x) = \sum_i f(i)g(x-i)$$

现在，假设 f 与 g 分别代表一个从向量下标到向量元素值的映射，令 f 表示输入向量，g 表示的向量称为**卷积核**（kernel），则卷积核施加于输入向量上的操作类似于一个权值向量在输入向量上移动，每移动一步进行一次加权求和操作；每一步移动的距离被称为**步长**（stride）。例如，我们取输入向量大小为 5，卷积核大小为 3，步长 1，则卷积操作过程如图 7.3 和图 7.4 所示。

卷积核从输入向量左边开始扫描，权值在第一个位置分别与对应输入值相乘求和，得到卷积特征值向量的第一个值，接下来，移动 1 个步长，到达第二个位置，进行相同操作，依此类推。

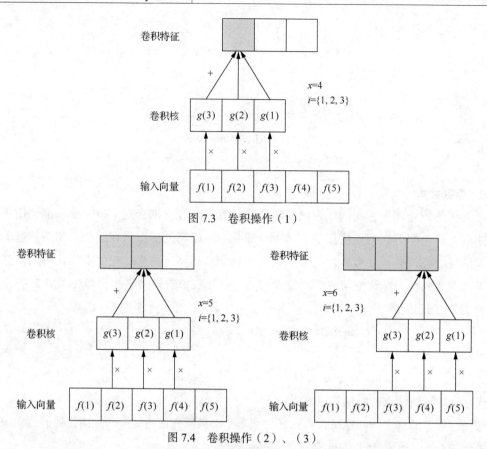

图 7.3　卷积操作（1）

图 7.4　卷积操作（2）、（3）

　　这样就实现了从前一层的输入向量提取特征到后一层的操作，这种操作具有局部连接（每个结点只与其相邻的 3 个结点有连接）以及参数共享（所用的卷积核为同一个向量）的特性。类似地，我们可以拓展到二维（见图 7.5）以及更高维度的卷积操作。

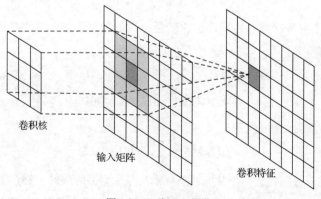

图 7.5　二维卷积操作

1．多个卷积核

　　利用一个卷积核进行卷积抽取特征是不充分的，因此在实践中，通常使用多个卷积核来提升特征提取的效果，之后将不同卷积核卷积所得的特征张量沿第一维拼接形成更高一个维度的特征张量。

2．多通道卷积

在处理彩色图像时，输入的图像有 R、G、B 这 3 个通道的数值，这个时候分别使用不同的卷积核对每一个通道进行卷积，然后使用线性或非线性的激活函数将相同位置的卷积特征合并为一个。

3．边界填充

注意在图 7.4 中，卷积核的中心 $g(2)$ 并不是从边界 $f(1)$ 上开始扫描的。以一维卷积为例，大小为 m 的卷积核在大小为 n 的输入向量上进行操作后所得到的卷积特征向量大小会缩小为 $n-m+1$。当卷积层数增加的时候，特征向量大小就会以 $m-1$ 的速度"坍缩"，这使得更深的神经网络变得不可能，因为在叠加到第 $\left\lfloor \dfrac{n}{m-1} \right\rfloor$ 个卷积层之后，卷积特征不足 $m-1$ 维。为了解决这一问题，人们通常采用在输入张量的边界上填充 0 的方式，使得卷积核的中心可以从边界上开始扫描，从而保持卷积操作输入张量和输出张量的大小不变。

7.3　池化层

池化（pooling，见图 7.6）的目的是降低特征空间的维度，只抽取局部最显著的特征，同时这些特征出现的具体位置也被忽略。这样做是符合直觉的：以图像处理为例，我们通常关注的是一个特征是否出现，而不太关心它们出现在哪里；这被称为图像的静态性。通过池化降低空间维度的做法不但减少了计算开销，还使得卷积神经网络对于噪声具有健壮性。

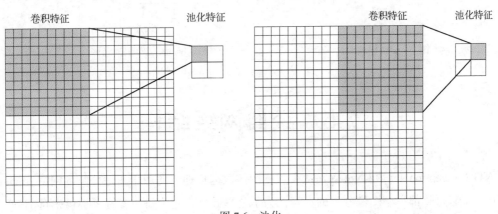

图 7.6　池化

常见的池化类型有最大池化、平均池化等。最大池化是指在池化区域中，取卷积特征值最大的作为所得池化特征值；平均池化则是指在池化区域中，取所有卷积特征值的平均作为池化特征值。如图 7.6 所示，在二维的卷积操作之后得到一个 20×20 的卷积特征矩阵，池化区域大小为 10×10，这样得到的就是一个 4×4 的池化特征矩阵。需要注意的是，与卷积核在重叠的区域进行卷积操作不同，池化区域是互不重叠的。

7.4　卷积神经网络

一般来说，**卷积神经网络**由卷积层、池化层、非线性激活函数层组成（见图 7.7）。

在图像分类中表现良好的深度神经网络往往由许多"卷积层+池化层"的组合堆叠而成，通常多达数十乃至上百层（见图 7.8）。

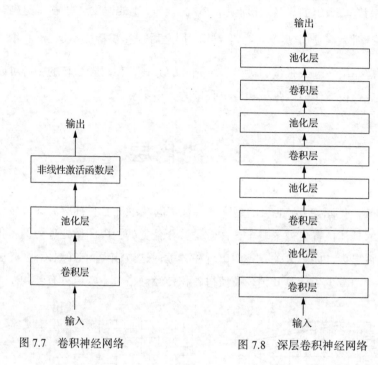

图 7.7　卷积神经网络　　　　图 7.8　深层卷积神经网络

7.5　经典网络结构

VGG、InceptionNet、ResNet 等是从大规模图像数据集训练的用于图像分类的网络。ImageNet 从 2010 年起每年都举办图像分类的竞赛，为了公平起见，它为每位参赛者提供来自 1000 个类别的 120 万张图像。从如此巨大的数据集中训练出的深度学习模型特征具有非常良好的泛化能力，在迁移学习后，它可以被用于除图像分类之外的其他任务，比如目标检测、图像分割等。PyTorch 的 torchvision.models 为我们提供了大量的模型实现以及模型的预训练权重文件，其中就包括本节介绍的 VGG、ResNet、InceptionNet。

7.5.1　VGG 网络

VGG 网络的特点是用 3×3 的卷积核代替先前网络（如 AlexNet）的大卷积核。比如，3 个步长为 1 的 3×3 的卷积核和一个 7×7 的卷积核的感受野（receptive field）是一致的，2 个步长为 1 的 3×3 的卷积核和一个 5×5 的卷积核的感受野是一致的。这样，感受野没有改变，但是却加深了网络的深度，提升了网络的拟合能力。VGG 网络的网络结构如图 7.9 所示。

除此之外，VGG 的全 3×3 的卷积核结构减少了参数量，比如一个 7×7 的卷积核，其参数量为 $7 \times 7 \times C_{in} \times C_{out}$，而具有相同感受野的全 3×3 的卷积核的参数量为 $3 \times 3 \times 3 \times C_{in} \times C_{out}$。VGG 网络和 AlexNet 的整体结构一致，都是先用 5 层卷积层提取图像特征，再用 3 层全连接层作为分类器。VGG 网络的网络结构如图 7.9 所示。不过 VGG 网络的"层"（在 VGG 中称为 Stage）是由几个 3×3 的卷积层叠加起来的，而 AlexNet 是 1 个大卷积层为一层。所以 AlexNet 只有 8 层，而 VGG 网络则可多达 19 层，VGG 网络在 ImageNet 的 Top5 准确率达到了 92.3%。VGG 网络的主要问题是最后的 3 层全连接层的参数量过于庞大。

ConvNet Configuration					
A	A-LRN	B	C	D	E
11 weight layers	11 weight layers	13 weight layers	16 weight layers	16 weight layers	19 weight layers
input (224×224 RGB image)					
conv3-64	conv3-64 **LRN**	conv3-64 **conv3-64**	conv3-64 conv3-64	conv3-64 conv3-64	conv3-64 conv3-64
maxpool					
conv3-128	conv3-128	conv3-128 **conv3-128**	conv3-128 conv3-128	conv3-128 conv3-128	conv3-128 conv3-128
maxpool					
conv3-256 conv3-256	conv3-256 conv3-256	conv3-256 conv3-256	conv3-256 conv3-256 **conv1-256**	conv3-256 conv3-256 **conv3-256**	conv3-256 conv3-256 conv3-256 **conv3-256**
maxpool					
conv3-512 conv3-512	conv3-512 conv3-512	conv3-512 conv3-512	conv3-512 conv3-512 **conv1-512**	conv3-512 conv3-512 **conv3-512**	conv3-512 conv3-512 conv3-512 **conv3-512**
maxpool					
conv3-512 conv3-512	conv3-512 conv3-512	conv3-512 conv3-512	conv3-512 conv3-512 **conv1-512**	conv3-512 conv3-512 **conv3-512**	conv3-512 conv3-512 conv3-512 **conv3-512**
maxpool					
FC-4096					
FC-4096					
FC-1000					
soft-max					

图 7.9　VGG 网络结构

7.5.2　InceptionNet

InceptionNet（GoogLeNet）主要是由多个 Inception 模块实现的，Inception 模块的基本结构如图 7.10 所示。它是一个分支结构，一共有 4 个分支，第 1 个分支是进行 1×1 卷积；第 2 个分支是先进行 1×1 卷积，然后再进行 3×3 卷积；第 3 个分支同样先进行 1×1 卷积，然后再进

行 5×5 卷积；第 4 个分支先进行 3×3 的最大池化，然后再进行 1×1 卷积。最后，4 个分支计算过的特征映射用沿通道维度拼接的方式组合到一起。

图 7.10 中的中间层可以分为 4 列来看，其中第 1 列的 1×1 的卷积核和中间两列的 3×3、5×5 的卷积核主要用于提取特征。不同大小的卷积核拼接到一起，使得这一结构具有多尺度的表达能力。右侧 3 列的 1×1 的卷积核用于特征降维，可以减少计算量。第 4 列最大池化层的使用是因为实验表明池化层往往有比较好的效果。这样设计的 Inception 模块具有相当大的宽度，计算量却更低。前面提到了 VGG 的主要问题是最后 3 层全连接层参数量过于庞大，在 InceptionNet 中弃用了这一结构，取而代之的是一层全局平均池化层和单层的全连接层。这样减少了参数量并且加快了模型的推断速度。

最后，InceptionNet 达到了 22 层，为了让深度如此大的网络能够稳定地训练，Inception 在网络中间添加了额外的两个分类损失函数，在训练中这些损失函数相加得到一个最终的损失函数，在验证过程中这两个额外的损失函数不再使用。InceptionNet 在 ImageNet 的 Top5 准确率为 93.3%，不仅准确率高于 VGG 网络，推断速度还更胜一筹。

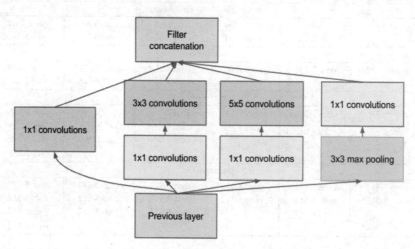

图 7.10　Inception 模块的基本结构

7.5.3　ResNet

神经网络越深，对复杂特征的表示能力就越强。但是单纯地增大网络的深度会导致当反向传播算法在传递梯度时，发生梯度消失现象，从而导致网络的训练无效。通过一些权重初始化方法和 Batch Normalization 可以解决这一问题。但是，即便使用了这些方法，网络在达到一定深度之后，模型训练的准确率不会再提升，甚至会开始下降，这种现象称为训练准确率的退化（degradation）问题。退化问题表明，深层模型的训练是非常困难的。ResNet 提出了残差学习的方法，用于解决深度学习模型的退化问题。

假设输入数据是 x，常规的神经网络是通过几个堆叠的层去学习映射 $H(x)$，而 ResNet 学习的是映射和输入的残差 $F(x) = H(x) - x$。相应地，原有的表示就变成 $H(x) = F(x) + x$。尽管两种表示是等价的，但实验表明，残差学习更容易训练。ResNet 是由几个堆叠的残差模块表示的，可以将残差结构形式化为：

$$y = F(x,\{W_i\}) + x$$

其中 $F(x,\{W_i\})$ 表示要学习的残差映射，ResNet 的基本结构如图 7.11 所示。在图 7.11 中，残差映射一共有两层，可表示为 $y = W_2\delta(W_1x+b_1)+b_2$，其中 δ 表示 ReLU 激活函数。在图 7.11 的例子中一共有两层，ResNet 的实现中大量采用了两层或三层的残差结构，而实际这个数量并没有限制，当它仅为一层时，残差结构就相当于一个线性层，所以就没有必要采用单层的残差结构了。

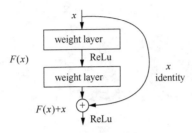

图 7.11　ResNet 的基本结构

$F(x)+x$ 在 ResNet 中通过 shortcut 连接和逐元素相加实现，相加后的结果会作为下一个 ReLU 激活函数的输入。shortcut 连接相当于对输入 x 进行恒等映射（indentity map）。在非常极端的情况下，残差 $F(x)$ 会等于 0，而使得整个残差模块仅进行一次恒等映射，这完全是由网络自主决定的，只要它自身认为这是更好的选择。如果 $F(x)$ 和 x 的维度并不相同，那么可以采用如下结构使得其维度相同：

$$y = F(x,\{W_i\}) + \{W_s\}x$$

但是，ResNet 的实验表明，使用恒等映射就能够很好地解决退化问题，并且足够简单，计算量足够小。ResNet 的残差结构解决了深度学习模型的退化问题，在 ImageNet 的数据集上，最深的 ResNet 模型达到了 152 层，其 Top5 准确率达到了 95.51%。

7.6　用 PyTorch 进行手写数字识别

torch.utils.data.Datasets 是 PyTorch 用来表示数据集的类，在本节我们使用 torchvision.datasets.MNIST 构建手写数字数据集。下面代码的第 5 行实例化了 datasets 对象，datasets.MNIST 能够自动下载数据并保存到本地磁盘，参数 train 默认为 True，用于控制加载的数据集是训练集还是测试集。注意在第 7 行，使用了 len(mnist)，这里调用了__len__方法。第 8 行使用了 mnist[j]，调用的是__getitem__。当我们自己建立数据集时，需要继承 Dataset，并且覆写__item__和__len__两个方法。第 9 ~ 10 行绘制 MNIST 手写数字数据集，如图 7.12 所示。

```
1 from torchvision.datasets import MNIST
2 from matplotlib import pyplot as plt
3 %matplotlib inline
4
```

```
5  mnist = datasets.MNIST(root='~', train=True, download=True)
6
7  for i, j in enumerate(np.random.randint(0, len(mnist), (10,))):
8      data, label = mnist[j]
9      plt.subplot(2,5,i+1)
10     plt.imshow(data)
```

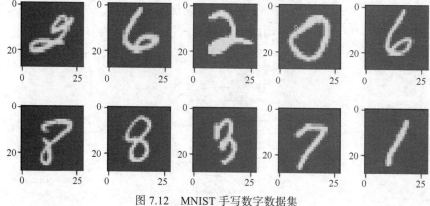

图 7.12　MNIST 手写数字数据集

数据预处理是非常重要的步骤，PyTorch 提供了 torchvision.transforms，可用于处理数据及实现数据增强。在这里我们使用了 transforms.ToTensor，它将 PIL Image 或者 numpy.ndarray 类型的数据转换为 Tensor，并且它会将数据从[0,255]映射到[0,1]。transforms.Normalize 会将数据标准化，将训练数据标准化会加速模型在训练中的收敛。在使用中，可以利用 torchvision.transforms.Compose 将多个 transforms 组合到一起，被包含的 transforms 会顺序执行。

```
1  trans = transforms.Compose([
2      transforms.ToTensor(),
3      transforms.Normalize((0.1307,), (0.3081,))])
4
5  normalized = trans(mnist[0][0])
6  from torchvision import transforms
7
8  mnist = datasets.MNIST(root='~', train=True, download=True,transform=trans)
```

准备好处理数据的流程后，就可以读取用于训练的数据了，torch.utils.data.DataLoader 提供了迭代数据、随机抽取数据、批处理数据、使用 multiprocessing 并行化读取数据的功能。下面定义了函数 imshow，第 2 行将数据从标准化的数据中恢复出来；第 3 行将数据从 Tensor 类型转换为 ndarray，这样才可以用 Matplotlib 绘制出来，绘制的结果如图 7.13 所示；第 4 行将矩阵的维度从(C, W, H)转换为(W, H, C)。注：C、W、H 属于通用符，分别表示 channel、weight、height。

```
1  def imshow(img):
2      img = img * 0.3081 + 0.1307
3      npimg = img.numpy()
4      plt.imshow(np.transpose(npimg, (1, 2, 0)))
5
6  dataloader = DataLoader(mnist, batch_size=4, shuffle=True, num_workers=4)
7  images, labels = next(iter(dataloader))
8
9  imshow(torchvision.utils.make_grid(images))
```

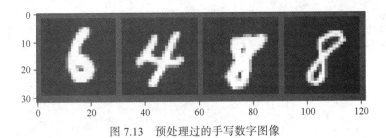

图 7.13 预处理过的手写数字图像

前面展示了使用 PyTorch 加载数据、处理数据的方法。下面我们构建用于识别手写数字的神经网络模型。

```
1 class MLP(nn.Module):
2    def __init__(self):
3        super(MLP, self).__init__()
4
5            self.inputlayer = nn.Sequential(nn.Linear(28*28, 256), nn.ReLU(), nn.
  Dropout(0.2))
6            self.hiddenlayer = nn.Sequential(nn.Linear(256, 256), nn.ReLU(), nn.
  Dropout(0.2))
7            self.outlayer = nn.Sequential(nn.Linear(256, 10))
8
9
10
11   def forward(self, x):
12       #将输入图像拉伸为一维向量
13       x = x.view(x.size(0), -1)
14
15       x = self.inputlayer(x)
16       x = self.hiddenlayer(x)
17       x = self.outlayer(x)
18       return x
```

我们可以直接通过输出 nn.Module 的对象看到其网络结构。

```
print(MLP())
>>> MLP(
    (inputlayer): Sequential(
      (0): Linear(in_features=784, out_features=256, bias=True)
      (1): ReLU()
      (2): Dropout(p=0.2)
    )
    (hiddenlayer): Sequential(
      (0): Linear(in_features=256, out_features=256, bias=True)
      (1): ReLU()
      (2): Dropout(p=0.2)
    )
    (outlayer): Sequential(
      (0): Linear(in_features=256, out_features=10, bias=True)
    )
  )
```

在准备好数据和模型后，我们就可以训练模型了。下面我们分别定义数据处理和加载流程、模型、优化器、损失函数，以及用准确率评估模型能力。第 33 行将训练数据迭代 10 个轮次（epoch），并将训练和验证的准确率和损失记录下来。

```
1 from torch import optim
2 from tqdm import tqdm
3 # 数据处理和加载
4 trans = transforms.Compose([
5   transforms.ToTensor(),
6   transforms.Normalize((0.1307,), (0.3081,))])
7 mnist_train = datasets.MNIST(root='~', train=True, download=True, transform=trans)
8 mnist_val = datasets.MNIST(root='~', train=False, download=True, transform=trans)
9
10 trainloader = DataLoader(mnist_train, batch_size=16, shuffle=True, num_workers=4)
11 valloader = DataLoader(mnist_val, batch_size=16, shuffle=True, num_workers=4)
12
13 # 模型
14 model = MLP()
15
16 # 优化器
17 optimizer = optim.SGD(model.parameters(), lr=0.01, momentum=0.9)
18
19 # 损失函数
20 celoss = nn.CrossEntropyLoss()
21 best_acc = 0
22
23 # 计算准确率
24 def accuracy(pred, target):
25     pred_label = torch.argmax(pred, 1)
26     correct = sum(pred_label == target).to(torch.float)
27     #acc = correct / float(len(pred))
28     return correct, len(pred)
29
30 acc = {'train': [], "val": []}
31 loss_all = {'train': [], "val": []}
32
33 for epoch in tqdm(range(10)):
34     #设置为验证模式
35     model.eval()
36     numer_val, denumer_val, loss_tr = 0., 0., 0.
37     with torch.no_grad():
38         for data, target in valloader:
39             output = model(data)
40             loss = celoss(output, target)
41             loss_tr += loss.data
42
43             num, denum = accuracy(output, target)
44             numer_val += num
45             denumer_val += denum
46     #设置为训练模式
47     model.train()
48     numer_tr, denumer_tr, loss_val = 0., 0., 0.
49     for data, target in trainloader:
50         optimizer.zero_grad()
51         output = model(data)
52         loss = celoss(output, target)
53         loss_val += loss.data
54         loss.backward()
55         optimizer.step()
56         num, denum = accuracy(output, target)
57         numer_tr += num
```

```
58          denumer_tr += denum
59      loss_all['train'].append(loss_tr/len(trainloader))
60      loss_all['val'].append(loss_val/len(valloader))
61      acc['train'].append(numer_tr/denumer_tr)
62      acc['val'].append(numer_val/denumer_val)
>>>   0%|          | 0/10 [00:00<?, ?it/s]
>>>  10%|          | 1/10 [00:16<02:28, 16.47s/it]
>>>  20%|          | 2/10 [00:31<02:07, 15.92s/it]
>>>  30%|          | 3/10 [00:46<01:49, 15.68s/it]
>>>  40%|          | 4/10 [01:01<01:32, 15.45s/it]
>>>  50%|          | 5/10 [01:15<01:15, 15.17s/it]
>>>  60%|          | 6/10 [01:30<01:00, 15.19s/it]
>>>  70%|          | 7/10 [01:45<00:44, 14.99s/it]
>>>  80%|          | 8/10 [01:59<00:29, 14.86s/it]
>>>  90%|          | 9/10 [02:15<00:14, 14.97s/it]
>>> 100%|          | 10/10 [02:30<00:00, 14.99s/it]
```

模型训练迭代后,训练集和验证集的损失迭代图像如图 7.14 所示。

```
plt.plot(loss_all['train'])
plt.plot(loss_all['val'])
```

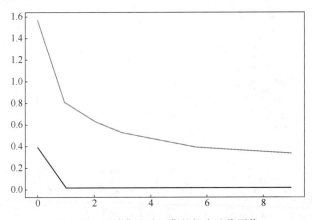

图 7.14 训练集和验证集的损失迭代图像

模型训练迭代后,训练集和验证集的准确率迭代图像如图 7.15 所示。

```
plt.plot(acc['train'])
plt.plot(acc['val'])
```

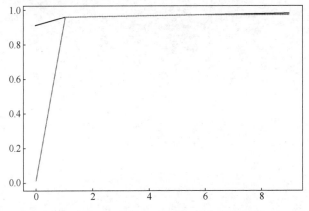

图 7.15 训练集和验证集的准确率迭代图像

7.7　本章小结

本章介绍了卷积神经网络与计算机视觉的相关概念。视觉作为人类感受世界的主要途径之一，模仿人类视觉的计算机视觉在机器智能方面的重要性不言而喻。但是在很长一段时间内，计算机只能通过基本的图像处理和几何分析方法观察世界，这无疑限制了其他领域智能的发展。卷积神经网络的出现扭转了这样的局面。通过卷积和池化等运算，卷积层能够高效地提取图像和视频特征，为后续任务提供坚实的基础。本章实现的手写数字识别只是当下计算机视觉中最简单的应用之一，更为先进的卷积神经网络模型甚至能够在上百万张图片中完成分类任务，而且其精度超过人类的精度。

第8章
神经网络与自然语言处理

随着反向传播算法的提出，神经网络在计算机视觉领域取得了巨大的成功。神经网络第一次真正地超越传统方法，成为学术界乃至工业界的实用模型。

这时在自然语言处理领域，统计方法仍然是主流的方法，例如 n-gram 语言模型、统计机器翻译的 IBM 模型，但已经发展出许多非常成熟而精巧的"变种"。由于自然语言处理中要处理的对象都是离散的符号，例如词、n-gram 以及其他的离散特征，自然语言处理与连续型浮点值计算的神经网络有着天然的隔阂。

然而有一群坚定的连接主义科学家们，一直坚持不懈地对把神经网络引入计算语言学领域进行探索。从最简单的多层感知器网络，到循环神经网络，再到 Transformer 架构，序列建模与自然语言处理成为了神经网络应用最为广泛的领域之一。本章将对自然语言处理领域的神经网络架构发展进行全面的梳理，并从 4 篇最经典的标志性论文展开，详细剖析这些网络架构设计背后的语言学意义。

8.1　语言建模

自然语言处理中，根本的问题就是语言建模。而机器翻译可以被看作一种条件语言模型。我们观察到，自然语言处理领域中每一次网络架构的重大创新都出现在语言建模上。因此在这里对语言建模进行必要的简单介绍。

人类使用的自然语言都是以序列的形式出现的，尽管这个序列的基本单元应该选择什么是一个开放性的问题（是词，还是音节、字符等）。假设词是基本单元，那么一个句子就是一个由词组成的序列。一门语言能产生的句子是无穷多的，这其中有些句子出现的次数多，有些出现的次数少，有些不符合语法的句子出现的概率就非常小。概率学的语言模型，就是指对这些句子进行建模。

形式化地，我们将含有 n 个词的一个句子表示为：

$$Y = \{y_1, y_2, \cdots, y_n\}$$

其中 y_n 为这门语言词汇表中的词。语言模型就是要输出句子 Y 在这门语言中出现的概率：

$$p(Y) = p(y_1, y_2, \cdots, y_n)$$

对于一门语言，所有句子的概率是要归一化的：

$$\sum_Y p(\boldsymbol{Y}) = 1$$

一门语言中的句子是无穷无尽的，可想而知这个概率模型的参数是非常难以估计的。于是人们把这个模型进行了分解：

$$p(y_1, y_2, \cdots, y_n) = p(y_1) \cdot p(y_2 \mid y_1) \cdot p(y_3 \mid y_1, y_2) \cdots p(y_n \mid y_1, \cdots, y_{n-1})$$

这样，我们就可以转而对 $p(y_n \mid y_1, \cdots, y_{n-1})$ 进行建模了。这个概率模型具有直观的语言学意义：给定一句话的前半部分，预测下一个词是什么。这种"下一个词预测"是非常自然和符合人类认知的，因为我们说话的时候都是按顺序从第一个词说到最后一个词，而后面的词是什么，在一定程度上取决于前面已经说出的词。

翻译，是将一门语言转换成另一门语言。在机器翻译中，被转换的语言被称为源语言，转换后的语言被称为目标语言。机器翻译模型在本质上也是概率学的语言模型。我们来观察一下上面建立的语言模型：

$$p(\boldsymbol{Y}) = p(y_1, y_2, \cdots, y_n)$$

假设 $\boldsymbol{Y}$ 是目标语言的一个句子，如果我们加入一个源语言的句子 $\boldsymbol{X}$ 作为条件，就会得到这样一个条件语言模型：

$$p(\boldsymbol{Y} \mid \boldsymbol{X}) = p(y_1, y_2, \cdots, y_n \mid \boldsymbol{X})$$

当然，这个概率模型也是不容易估计参数的。因此通常使用类似的方法进行分解：

$$p(y_1, y_2, \cdots, y_n \mid \boldsymbol{X}) = p(y_1 \mid \boldsymbol{X}) \cdot p(y_2 \mid y_1, \boldsymbol{X}) \cdot p(y_3 \mid y_1, y_2, \boldsymbol{X}) \cdots p(y_n \mid y_1, \cdots, y_{n-1}, \boldsymbol{X})$$

于是，我们所得到的模型 $p(y_n \mid y_1, \cdots, y_{n-1}, \boldsymbol{X})$ 就又具有了易于理解的"下一个词预测"语言学意义：给定源语言的一句话，以及目标语言已经翻译出来的前半句话，预测下一个翻译出来的词。

在以上提到的这些语言模型中，对于长短不一的句子要统一处理，在早期不是一件容易的事情。为了简化模型和便于计算，人们提出了一些假设。尽管这些假设并不都十分符合人类的自然认知，但在当时看来确实能够有效地在建模效果和计算难度之间取得了微妙的平衡。

这些假设中，最为常用就是马尔科夫假设。在这个假设之下，"下一个词预测"只依赖于前面 n 个词，而不再依赖于整个长度不确定的前半句。假设 n=3，那么语言模型就将变成：

$$p(y_1, y_2, \cdots, y_t) = p(y_1) \cdot p(y_2 \mid y_1) \cdot p(y_3 \mid y_1, y_2) \cdots p(y_n \mid y_{n-2}, y_{n-1})$$

这就是经典的 n-gram 模型。

这种通过一定的假设来简化计算的方法，在神经网络的方法中仍然有所应用。例如当神经网络的输入只能是固定长度的时候，只能选取一个固定大小的窗口中的词来作为输入。

其他一些传统统计学方法中的思想，在神经网络方法中也有所体现，本书不一一叙述。

8.2　基于多层感知器的架构

在反向传播算法提出之后，多层感知器得以被有效训练。这种今天看来相当简单的由全连接层组成的网络，相比于传统的需要特征工程的统计方法却非常有效。在计算机视觉领域，由于图像可以被表示成为 RGB 或灰度的数值，输入神经网络的特征都具有良好的数学性质。而在自然语言方面，如何表示一个词就成了难题。人们在早期使用 0-1 向量表示词，例如词汇表中有 30 000 个词，一个词就表示为一个维度为 30 000 的向量，其中表示第 k 个词的向量的第 k 个维度是 1，其余全部是 0。可想而知，这样的稀疏特征输入神经网络中是很难训练的。因此，神经网络方法在自然语言处理领域"停滞不前"。

"曙光"出现在 2000 年神经信息处理系统（Neural Information Processing System，NIPS）大会的一篇论文中，第一作者是日后深度学习三巨头之一的 Bengio（本希奥）。在这篇论文中，Bengio 提出了分布式的词向量表示方法，有效地解决了词的稀疏特征问题，为后来神经网络方法在计算语言学中的应用奠定了第一块基石。这篇论文就是今日每位自然语言处理（Natural Language Processing，NLP）入门学习者必读的——A Neural Probabilistic Language Model，尽管今天我们大多数人读到的都是它的 JMLR（机器学习与人工智能顶级期刊）版本。

根据论文的标题，Bengio 要构建的是一个语言模型。假设我们还是沿用传统的基于马尔科夫假设的 n-gram 语言模型，怎样建立一个合适的神经网络架构来体现 $p(y_t \mid y_{t-n}, \cdots, y_{t-1})$ 这样一个概率模型呢？究其本质，神经网络只不过是一个带参函数，假设以 $g(\cdot)$ 表示，那么这个概率模型就可以表示成：

$$p(y_t \mid y_{t-n}, \cdots, y_{t-1}) = g(y_{t-n}, \cdots, y_{t-1}; \boldsymbol{\theta})$$

既然是这样，那么词向量也可以是神经网络参数的一部分，它与整个神经网络一起进行训练，这样我们就可以使用一些低维度的、具有良好数学性质的词向量表示了。

在这篇论文中，有一个词向量矩阵的概念。词向量矩阵 C 是与其他权值矩阵一样的神经网络中的一个可训练的组成部分。假设我们有 $|V|$ 个词，每个词的维度是 d，d 远远小于 $|V|$。那么这个词向量矩阵 C 的大小就是 $|V| \times d$。其中第 k 行的 $C(k)$ 是一个维度为 d 的向量，用于表示第 k 个词。这种特征不像 0-1 向量那么"稀疏"，对于神经网络比较"友好"。

在 Bengio 的设计中，$y_{t-n}, \cdots, y_{t-1}$ 的信息是以词向量拼接的形式输入神经网络的，即：

$$x = [C(y_{t-n}); \cdots; C(y_{t-1})]$$

而神经网络 $g(\cdot)$ 则采取了这样的形式：

$$g(x) = \mathrm{softmax}(b_1 + Wx + U\tanh(b_2 + Hx))$$

神经网络的架构中包括线性 $b_1 + Wx$ 和非线性 $U\tanh(b_2 + Hx)$ 两个部分，这使得线性部分可以在有必要的时候提供直接的连接。这种早期的设计有着今天残差连接和门限机制的影子。

这个神经网络架构（见图 8.1）的语言学意义也非常直观：它实际上是模拟了 n-gram 模型的条件概率，给定一个固定大小窗口的上下文信息，预测下一个词的概率。这种自回归的"下一个词预测"从统计自然语言处理中被带到了神经网络方法中,并且一直是当今神经网络概率模型中最基本的假设。

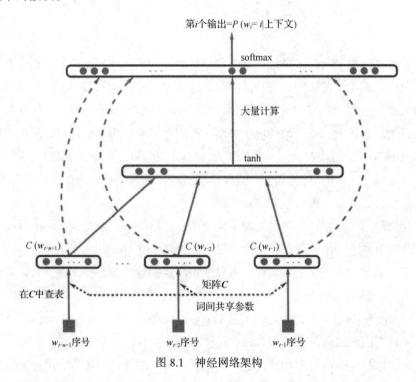

图 8.1 神经网络架构

8.3 基于循环神经网络的架构

早期的神经网络都有固定大小的输入,以及固定大小的输出。这在传统的分类问题上(特征向量维度固定)以及图像处理上(固定大小的图像)可以满足我们的需求。但是在自然语言处理中,句子是一个变长的序列,传统上固定输入的神经网络就"无能为力"了。8.2 节中的方法,就是牺牲了远距离的上下文信息,而只取固定大小窗口中的词。这无疑给更加准确的模型带来了限制。

为了处理这种变长序列的问题,神经网络就必须采取一种适合的架构,使得输入序列和输出序列的长度可以动态地变化,而又不改变神经网络中参数的个数(否则训练无法进行)。基于参数共享的思想,我们可以在时间线上共享参数。在这里,时间是一个抽象的概念,通常表示为时步(timestep)。例如,若一个以单词为单位的句子是一个时间序列,那么句子中第一个单词就是第一个时步,第二个单词就是第二个时步,以此类推。共享参数的作用不仅在于使得输入长度可以动态变化,还在于将一个序列各时步的信息关联起来,沿时间线向前传递。

这种神经网络架构,就是循环神经网络。本节将先阐述循环神经网络中的基本概念,然后介绍语言建模中循环神经网络的使用方法。

8.3.1　循环单元

沿时间线共享参数的一个很有效的方式就是使用循环，这使得时间线递归地展开。形式化表示如下：

$$h_t = f(h_{t-1}; \boldsymbol{\theta})$$

其中 $f(\cdot)$ 为循环单元（Recurrent Unit），$\boldsymbol{\theta}$ 为参数。为了在循环的每一时步都输入待处理序列中的一个元素，我们对循环单元做如下更改：

$$h_t = f(x_t, h_{t-1}; \boldsymbol{\theta})$$

h_t 一般不直接作为网络的输出，而作为隐藏层的结点，被称为隐单元。隐单元在时步 t 的具体取值成为在时步 t 的隐状态。隐状态通过线性或非线性的变换生成同样为长度可变的输出序列：

$$y_t = g(h_t)$$

这样的具有循环单元的神经网络被称为循环神经网络（Recurrent Neural Network，RNN）。将以上计算步骤画成计算图（见图 8.2），可以看到，隐藏层结点有一条指向自己的箭头，代表循环单元。

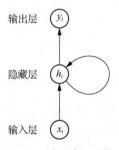

图 8.2　循环神经网络

将图 8.2 的循环神经网络展开（见图 8.3），可以清楚地看到循环神经网络是如何以一个变长的序列 $x_1, x_2, \cdots, x_n$ 为输入，并输出一个变长的序列 $y_1, y_2, \cdots, y_n$。

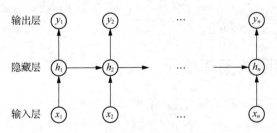

图 8.3　循环神经网络的展开形式

8.3.2　通过时间反向传播

在 8.3.1 小节中，循环单元 $f(\cdot)$ 可以采取许多形式。其中最简单的形式就是使用线性变换：

$$h_t = W_{x,h} x_t + W_{h,h} h_{t-1} + b$$

其中 $W_{x,h}$ 是从输入 x_t 到隐状态 h_t 的权值矩阵，$W_{h,h}$ 是从前一个时步的隐状态 h_{t-1} 到当前时步隐状态 h_t 的权值矩阵，b 是偏置。采用这种形式循环单元的循环神经网络被称为**平凡循环神经网络**（vanilla RNN）。

在实际中很少使用平凡循环神经网络，这是由于它在误差反向传播的时候会出现梯度消失或梯度爆炸的问题。为了理解什么是梯度消失和梯度爆炸，我们先来看一下平凡循环神经网络的误差反向传播过程。

在图 8.4 中，E_t 表示时步 t 的输出 y_t 以某种损失函数计算出来的误差，s_t 表示时步 t 的隐状态。若我们需要计算 E_t 对 $W_{h,h}$ 的梯度，可以对每个时间步的隐状态应用链式法则，并将得到的偏导数逐步相乘，这个过程被称为通过时间反向传播（Backpropagation Through Time，BPTT）。形式化地，E_t 对 $W_{h,h}$ 的梯度计算如下：

$$\frac{\partial E_t}{\partial W_{h,h}} = \sum_{k=0}^{t} \frac{\partial E_t}{\partial y_t} \cdot \frac{\partial y_t}{\partial s_t} \cdot \left(\prod_{i=k}^{t-1} \frac{\partial s_{i+1}}{\partial s_i} \right) \cdot \frac{\partial s_k}{\partial W_{h,h}}$$

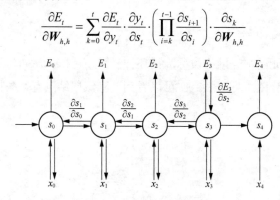

图 8.4 通过时间反向传播

我们注意到式中有一项连乘，这意味着当序列较长的时候，相乘的偏导数个数将变得非常多。有些时候，一旦所有的偏导数都小于 1，那么相乘之后梯度将会趋向 0，这被称为梯度消失（vanishing gradient）；一旦所有的偏导数都大于 1，那么相乘之后梯度将会趋向无穷，这被称为梯度爆炸（exploding gradient）。

解决梯度消失与梯度爆炸的问题一般有两种办法：一是改进优化（optimization）过程，如引入缩放梯度（clipping gradient），属于优化问题，本章不予讨论；二是使用带有门限的循环单元，在 8.3.3 小节中将介绍这种方法。

8.3.3 带有门限的循环单元

在循环单元中引入门限，除了解决梯度消失和梯度爆炸的问题以外，最重要的是可以解决长距离信息传递的问题。设想要把一个句子编码到循环神经网络的最后一个隐状态里，如果没有特别的机制，离句末越远的单词信息损失一定是越大的。为了保留必要的信息，可以在循环神经网络中引入门限。门限相当于一种可变的短路机制，使得有用的信息可以"跳过"一些时步，直接传到后面的隐状态；同时，由于这种短路机制的存在，使得误差反向传播的时候得以直接通过短路传回来，避免了在传播过程中爆炸或消失。

最早出现的门限机制是霍克赖特（Hochreiter）等人于 1997 年提出的长短时记忆（Long

Short-Term Memory，LSTM）。LSTM 中显式地在每一时步 t 引入了记忆 c_t，并使用输入门限 i，遗忘门限 f，输出门限 o 来控制信息的传递。LSTM 循环单元 $h_t = \text{LSTM}(h_{t-1}, c_{t-1}, x_t; \boldsymbol{\theta})$ 表示如下：

$$h_t = o \odot \tanh(c_t)$$

$$c_t = i \odot g + f \odot c_{t-1}$$

其中 $\odot$ 表示逐元素相乘，输入门限 i，遗忘门限 f，输出门限 o，候选记忆 g 分别为：

$$i = \sigma(W_I h_{t-1} + U_I x_t)$$

$$f = \sigma(W_F h_{t-1} + U_F x_t)$$

$$o = \sigma(W_O h_{t-1} + U_O x_t)$$

$$g = \tanh(W_G h_{t-1} + U_G x_t)$$

直觉上，这些门限可以控制向新隐状态中添加多少新信息，以及遗忘多少旧隐状态的信息，使得重要的信息得以传播到最后一个隐状态。

Cho 等人在 2014 年提出了一种新的循环单元，其思想是不再显式地保留一个记忆，而是使用线性插值的办法自动调整添加多少新信息和遗忘多少旧信息。这种循环单元称为**门限循环单元**（Gated Recurrent Unit, GRU），$h_t = \text{GRU}(h_{t-1}, x_t; \boldsymbol{\theta})$ 表示如下：

$$h_t = (1 - z_t) \odot h_{t-1} + z_t \odot \widetilde{h_t}$$

其中更新门限 z_t 和候选状态 $\widetilde{h_t}$ 的计算如下：

$$z_t = \sigma(W_Z x_t + U_Z h_{t-1})$$

$$\widetilde{h_t} = \tanh(W_H x_t + U_H (r \odot h_{t-1}))$$

其中 r 为重置门限，计算如下：

$$r = \sigma(W_R x_t + U_R h_{t-1})$$

GRU 达到了与 LSTM 类似的效果，但是由于不需要保存记忆，因此稍微节省内存空间，但总的来说 GRU 与 LSTM 在实践中并无实质性差别。

8.3.4　循环神经网络语言模型

由于循环神经网络能够处理变长的序列，所以它非常适合处理语言建模的问题。Mikolov（米科洛夫）等人在 2010 年提出了基于循环神经网络的语言模型——RNNLM，这就是本章要介绍的第二篇经典论文——Recurrent neural network based language model。

在 RNNLM 中，核心的网络架构是一个平凡循环神经网络。其输入层 $x(t)$ 为当前词词向量 $w(t)$ 与隐藏层的前一时步隐状态 $s(t-1)$ 的拼接：

$$x(t) = [w(t); s(t-1)]$$

隐状态的更新是通过将输入向量 $x(t)$ 与权值矩阵的相乘，然后进行非线性转换完成的：

$$s(t) = f(x(t) \cdot \boldsymbol{u})$$

实际上将多个输入向量进行拼接然后乘以权值矩阵，等效于将多个输入向量分别与小的权值矩阵相乘，因此这里的循环单元仍是 8.3.2 小节中介绍的平凡循环单元。

更新了隐状态之后，就可以将这个隐状态再次进行非线性变换，输出一个在词汇表上归一化的分布。例如，词汇表的大小为 k，隐状态的维度为 h，那么我们可以使用一个大小为 $h \times k$ 的矩阵 v 乘以隐状态进行线性变换，使其维度变为 k，然后使用 softmax 函数使这个 k 维的向量归一化：

$$y(t) = \text{softmax}(s(t) \cdot v)$$

这样，词汇表中的第 i 个词是下一个词的概率就是

$$p(w_t = i \mid w_1, w_2, \cdots, w_{t-1}) = y_i(t)$$

在这个概率模型的条件里，包含了整个前半句 $w_1, w_2, \cdots, w_{t-1}$ 的所有上下文信息。这克服了之前由马尔科夫假设所带来的限制，因此该模型带来了较大的提升。而相比于模型效果上的提升，更为重要的是循环神经网络在语言模型上的成功应用，让人们看到了神经网络在计算语言学中的曙光，从此之后计算语言学的学术会议被神经网络方法以惊人的速度占领。

8.3.5 神经机器翻译

循环神经网络在语言建模上的成功应用，启发着人们探索将循环神经网络应用于其他任务的可能性。在众多自然语言处理任务中，与语言建模最相似的就是机器翻译。而将一个语言模型改造为机器翻译模型，人们需要解决的一个问题就是如何将来自源语言的条件概率体现在神经网络架构中。

当时主流的统计机器翻译中的噪声通道模型也许给了研究者们一些启发：如果用一个基于循环神经网络的语言模型给源语言编码，然后用另一个基于循环神经网络的目标端语言模型进行解码，是否可以将这种条件概率表现出来呢？然而如何设计才能将源端编码的信息加入目标端语言模型的条件，答案并不显而易见。我们无从得知神经机器翻译的经典编码器——解码器模型是如何设计得如此自然、简洁而又效果出群，但这背后一定离不开无数次对各种模型架构的尝试。

2014 年的 EMNLP 上出现了一篇论文——Learning Phrase Representations using RNN Encoder-Decoder for Statistical Machine Translation，是经典的 RNNSearch 模型架构的前身。在这篇论文中，源语言端和目标语言端的两个循环神经网络是由一个"上下文向量" c 联系起来的。

还记得 8.3.4 小节中提到的循环神经网络语言模型吗？如果将所有权值矩阵和向量简略为 θ，所有线性及非线性变换简略为 $g(\cdot)$，那么它就具有这样的形式：

$$p(y_t \mid y_1, y_2, \cdots, y_{t-1}) = g(y_{t-1}, s_t; \theta)$$

如果在条件概率中加入源语言句子成为翻译模型 $p(y_t \mid y_1, y_2, \cdots, y_{t-1} \mid x_1, x_2, \cdots, x_n)$，神经网络中对应地就应该加入代表 $x_1, x_2, \cdots, x_n$ 的信息。这种信息如果用一个定长向量 c 表示的话，模型就变成了 $g(y_{t-1}, s_{t-1}, c; \theta)$，这样就可以把源语言的信息在网络架构表达出来了。

可是一个定长的向量 c 又怎么才能包含源语言一个句子的所有信息呢？循环神经网络天然地提供了这样的机制：这个句子如果像语言模型一样逐词输入循环神经网络中，我们就会不断更新隐状态，隐状态中实际上就包含了所有输入过的词的信息。到整个句子输入完成，我们得到的最后一个隐状态就可以用于表示整个句子。

基于这个思想，Cho 等人设计出了基本的编码器–解码器模型（见图 8.5）。所谓编码器，就是一个将源语言句子编码的循环神经网络：

$$h_t = f(x_t, h_{t-1})$$

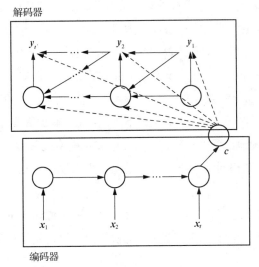

图 8.5　编码器–解码器架构

（图片来源：Learning Phrase Representations using RNN Encoder-Decoder for Statistical Machine Translation）

其中 $f(\cdot)$ 是 8.3.3 小节中介绍的门限循环神经网络，x_t 是源语言的当前词，h_{t-1} 是编码器的前一个隐状态。当整个长度为 m 的句子结束时，我们就将得到的最后一个隐状态作为上下文向量：

$$c = h_m$$

解码器一端也是一个类似的网络：

$$s_t = g(y_{t-1}, s_{t-1})$$

其中 $g(\cdot)$ 是与 $f(\cdot)$ 具有相同形式的门限循环神经网络，y_{t-1} 是前一个目标语言的词，s_{t-1} 是前一个解码器隐状态。更新解码器的隐状态之后，我们就可以预测目标语言句子的下一个词了：

$$p(y = y_t \mid y_1, y_2, \cdots, y_{t-1}) = \mathrm{softmax}(y_t, s_t, c)$$

这种方法开创了双语/多语任务上神经网络架构的新思路，但是其局限也是非常突出的：一个句子不管多长，都被强行压缩到一个固定不变的向量上。可想而知，源语言句子越长，压缩过程丢失的信息就越多。事实上，当这个模型处理 20 词以上的句子时，模型效果就迅速"退化"。此外，越靠近句子末端的词，进入上下文向量的信息就越多，而越靠近前端的词，其信息就越被模糊和淡化。这是不合理的。因为在产生目标语言句子的不同部分时，需要来自源语言句子不同部分的信息，而并不是只盯着源语言句子最后几个词看。

这时候，人们想起了统计机器翻译中一个非常重要的概念——词对齐模型。能不能在神经机器翻译中也引入类似的词对齐模型的机制呢？如果可以的话，在翻译的时候就可以选择性地加入只包含某一部分词信息的上下文向量，这样一来就避免了将整句话压缩到一个向量的信息损失，而且可以动态地调整所需要的源语言信息。

统计机器翻译中的词对齐是一个二元的、离散的概念，即源语言词与目标语言词要么对齐，要么不对齐（尽管这种对齐是多对多的关系）。但是正如本章开头提到的那样，神经网络是一个处理连续浮点值的函数，词对齐需要经过一定的处理才能结合到神经网络中。

2014 年刚在 EMNLP 发表编码器-解码器论文的 Cho 和 Bengio，和当时 MILA 实验室的博士生 Bahdanau 紧接着就提出了一个至今看来让人叹为观止的精巧设计——软性词对齐模型，并给了它一个日后人们耳熟能详的名字——注意力机制。

这篇描述加入了注意力机制的编码器-解码器神经网络机器翻译的论文以 Neural Machine Translation by Jointly Learning to Align and Translate 的标题发表在 2015 年 ICLR（International Conference on Learning Representations）上，成为了一篇"划时代"的论文——统计机器翻译的时代宣告结束，此后尽是神经机器翻译的"天下"。这就是本章所要介绍的第三篇经典论文。

相对于 EMNLP 的编码器-解码器架构，这篇论文对模型最关键的更改在于上下文向量。它不再是一个解码时每一步都相同的向量 c，而是每一步都根据注意力机制来调整的动态上下文向量 c_t。

注意力机制，顾名思义，就是一个目标语言词对于一个源语言词的注意力。这个注意力是用一个浮点数值来量化的，并且是归一化的，也就是说源语言句子的所有词的注意力加起来等于 1。

那么在解码进行到第 t 个词的时候，怎么来计算目标语言词 y_t 对源语言句子第 k 个词的注意力呢？手段很多，可以用点积、线性组合等。以线性组合为例子：

$$Ws_{t-1} + Uh_k$$

加上一些变换，就得到一个注意力分数：

$$e_{t,k} = v \cdot \tanh(Ws_{t-1} + Uh_k)$$

然后通过 softmax 函数将这个注意力分数归一化：

$$a_t = \text{softmax}(e_t)$$

于是，这个归一化的注意力分数就可以作为权值，将编码器的隐状态加权求和，得到第 t 时步的动态上下文向量：

$$c_t = \sum_k a_{t,k} \cdot h_k$$

这样，注意力机制就自然地被结合到了解码器中：

$$p(y = y_t \mid y_1, y_2, \cdots, y_{t-1}) = \text{softmax}(y_t, s_t, c_t)$$

之所以说这是一种软性的词对齐模型，是因为我们可以认为目标语言的词不再是 100% 或 0% 对齐到某个源语言词上，而是以一定的比例，例如 60% 对齐到这个词上，40% 对齐到那个词上。这个比例就是我们所说的归一化的注意力分数。

图 8.6 是一个基于注意力机制的编码器-解码器模型，其中 f 为输入词汇样本，e 中是解码后输出词汇样本。这个模型不只适用于机器翻译任务，还普遍地适用于从一个序列到另一个序列的转换任务。例如在文本摘要中，我们可以认为要把一段文字"翻译"成较短的摘要，诸如此类。因此作者给它起的本名 RNNSearch 在机器翻译以外的领域并不广为人知，它被称为 Seq2Seq（Sequence-to-Sequence，序列到序列）。

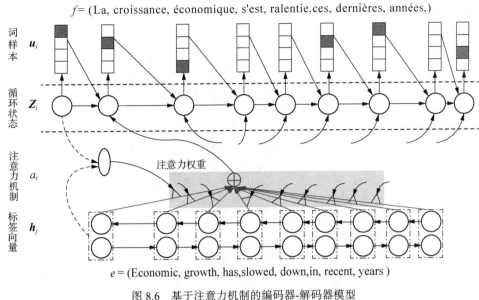

图 8.6　基于注意力机制的编码器-解码器模型

8.4　基于卷积神经网络的架构

虽然卷积神经网络一直没能成为自然语言处理领域的主流网络架构,但一些基于卷积神经网络的架构也曾经被探索和关注过。这里简单介绍一个例子——卷积序列到序列(ConvSeq2Seq)。

很长一段时间里,循环神经网络都是自然语言处理领域的主流框架:它自然地符合了序列处理的特点,而且积累了多年以来探索的训练技巧使得总体效果不错。但它的弱点也是显而易见的:在循环神经网络中,下一时步的隐状态总是取决于上一时步的隐状态,这就使得计算无法并行化,而只能逐时步地按顺序计算。

在这样的背景之下,人们提出了使用卷积神经网络来替代编码器-解码器架构中的循环单元,使得整个序列可以同时被计算。但是,这样的方案也有它固有的问题:首先,卷积神经网络只能捕捉到固定大小窗口的上下文信息,这与我们想要捕捉序列中长距离依赖关系的初衷背道而驰;其次,循环依赖被取消之后,如何在建模中捕捉词与词之间的顺序关系也是一个不能绕开的问题。

在 *Convolutional Sequence to Sequence Learning* 一文中,作者通过网络架构上巧妙的设计,一定程度上解决了上述两个问题。首先,在词向量的基础上加入一个位置向量,以此来让网络知道词与词之间的顺序关系。对于固定窗口的限制,作者指出,如果把多个卷积层叠加在一起,那么有效的上下文窗口就会大大增加。例如,原本的左右两边的上下文窗口大小都是 5,如果两层卷积叠加到一起,第 2 个卷积层第 t 个位置的隐状态就可以通过卷积接收来自第 1 个卷积层第 $t+5$ 个位置隐状态的信息,而第 1 个卷积层第 $t+5$ 个位置的隐状态又可以通过卷积接收来自输入层第 $t+10$ 个位置的词向量信息。这样当多个卷积层叠加起来之后,有效的上下文窗口就不再局限于一定的范围了。ConvSeq2Seq 如图 8.7 所示。

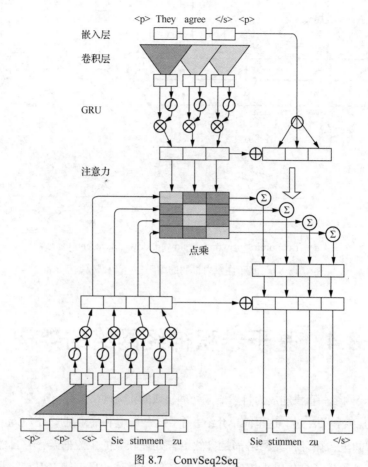

图 8.7　ConvSeq2Seq

（图片来源：Convolutional Sequence to Sequence Learning）

整体的网络架构仍旧采用基于注意力机制的编码器-解码器架构。

1. 输入

网络的输入为词向量与位置向量的逐元素相加。在这里，词向量与位置向量都是网络中可训练的参数。

2. 卷积与非线性变换单元

在编码器和解码器中，卷积层与非线性变换组成的单元多层叠加。在一个单元中，卷积首先将上一层的输入投射成维度为其两倍的特征矩阵，然后将这个特征矩阵切分成两份 $Y=[AB]$。B 被用于计算门限，以控制 A 流向下一层的信息：

$$v([AB]) = A \odot \sigma(B)$$

其中 $\odot$ 表示逐元素相乘。

3. 多步注意力

与 RNNSearch 的注意力稍有不同，这里的多步注意力计算的是解码器状态对于编码器状态加输入向量的注意力（而不仅是对编码器状态的注意力）。这使得来自底层的输入信息可以直接被注意力获得。

8.5　基于 Transformer 的架构

在 2014—2017 年，基于循环神经网络的 Seq2Seq 在机器翻译以及其他序列任务上占据了绝对的主导地位，编码器-解码器架构以及注意力机制的各种变体被研究者反复探索。尽管循环神经网络不能并行计算是一个固有的限制，但似乎对于一些可以并行计算的网络架构的探索并没有在模型效果上取得特别显著的提升（例如 8.4 节所提及的 ConvSeq2Seq）。

卷积神经网络在效果上总体比不过循环神经网络是有原因的：不管怎样设计卷积单元，它所吸收的信息永远是来自一个固定大小的窗口。这就使研究者陷入了两难的尴尬境地：循环神经网络缺乏并行能力，卷积神经网络不能很好地处理变长的序列。让我们回到最初的多层感知器时代：多层感知器对于各神经元是并行计算的。但是那个时候，多层感知器对句子进行编码效果不理想的原因有如下几个。

（1）如果所有的词向量都共享一个权值矩阵，那么我们无从知道词之间的位置关系。

（2）如果给每个位置的词向量使用不同的权值矩阵，由于全连接的神经网络只能接收固定长度的输入，这就导致了 8.2 节中所提到的语言模型只能取固定大小窗口里的词作为输入。

（3）全连接层的矩阵相乘计算开销非常大。

（4）全连接层有梯度消失或梯度爆炸的问题，使得网络难以训练，在深层网络中抽取特征的效果也不理想。

随着深度神经网络火速发展了几年，各种方法和技巧都被开发和探索，使得上述问题被逐一解决。

ConvSeq2Seq 中的位置向量为表示词的位置关系提供了可并行化的可能性：从前我们只能依赖于循环神经网络按顺序展开的时步来捕捉词的顺序，现在由于有了不依赖于前一个时步的位置向量，我们就可以并行地计算所有时步的表示而不丢失位置信息。注意力机制的出现，使得变长的序列可以根据注意力权重来对序列中的元素加权平均，得到一个定长的向量；而这样的加权平均又比简单的算术平均能保留更多的信息，最大程度上避免了压缩所带来的信息损失。

由于一个序列通过注意力机制可以被有效地压缩成为一个向量，在进行线性变换的时候，矩阵相乘的计算量就大大减少了。

在横向（沿时步展开的方向）上，循环单元中的门限机制有效地缓解了梯度消失以及梯度爆炸的问题；在纵向（隐藏层叠加的方向）上，计算机视觉中的残差连接网络提供了非常好的解决思路，使得深层网络叠加后的训练成为可能。

于是，在 2017 年年中的时候，Google 公司在 NIPS（Conference and Workshop on Neural Information Processing Systems）上发表的一篇思路大胆、效果出群的论文翻开了自然语言处理的 "新一页"。这篇论文就是本章要介绍的一篇 "划时代" 的经典论文——*Attention Is All You*

Need。这篇文章在发表后不到一年的时间里，曾经"如日中天"的各种循环神经网络模型悄然淡出，而基于 Transformer 架构的模型横扫各项自然语言处理任务。

在这篇论文中，作者提出了一种全新的神经机器翻译网络架构——Transformer。它仍然沿袭了 RNNSearch 中的编码器-解码器框架。只是这一次，所有的循环单元都被取消了，取而代之的是可以并行的 Transformer 编码器/解码器单元。

这样一来，模型中就没有了循环连接，每一个单元的计算就不需要依赖于前一个时步的单元，于是代表这个句子中每一个词的编码器/解码器单元理论上都可以同时计算。可想而知，这个模型在计算效率上能比循环神经网络快一个数量级。

但是需要特别说明的是，由于机器翻译这个概率模型仍是自回归的，即翻译出来的下一个词还是取决于前面翻译出来的词：

$$p(y_t \mid y_1, y_2, \cdots, y_{t-1})$$

因此，虽然编码器在训练、解码的阶段，以及解码器在训练阶段可以并行计算，但解码器在解码阶段的计算仍然要逐词进行解码。即便是这样，计算的速度已经大大增加。

下面，笔者将先详细介绍 Transformer 各部件的组成及设计，然后讲解组装起来之后的 Transformer 如何工作。

8.5.1　多头注意力

正如这篇论文的名字所体现的，注意力在整个 Transformer 架构中处于核心地位。在 8.3.5 小节中，注意力一开始被引入神经机器翻译是以软性词对齐机制的形式。对于注意力机制一个比较直观的解释是：某个目标语言词对于每一个源语言词具有多少注意力。如果我们把这种注意力的思想抽象一下，就会发现其实可以把这个注意力的计算过程当成一个查询的过程：假设有一个由一些键-值对组成的映射，给出一个查询，根据这个查询与每个键的关系，得到每个值应得到的权重，然后把这些值加权平均。在 RNNSearch 的注意力机制中，查询就是这个目标词，键和值是相同的，都是源语言句子中的词。

如果查询、键、值都相同呢？直观地说，就是一个句子中的词对于句子中其他词的注意力。在 Transformer 中，这就是自注意力机制。这种自注意力可以用来对源语言句子进行编码。由于每个位置的词作为查询时，查到的结果是这个句子中所有词的加权平均结果，因此这个结果向量中不仅包含了它本身的信息，还含有它与其他词的关系信息。这样就具有了和循环神经网络类似的效果——捕捉句子中词的依赖关系。它甚至比循环神经网络在捕捉长距离依赖关系中做得更好，因为句中的每一个词都有和其他所有词直接连接的机会，而循环神经网络中距离远的两个词之间只能隔着许多时步传递信号，每一个时步都会减弱这个信号。

形式化地，如果我们用 Q 表示查询，K 表示键，V 表示值，那么注意力机制无非就是关于它们的一个函数：

$$\text{Attention}(Q, K, V)$$

在 RNNSearch 中，这个函数具有的形式是：

$$\text{Attention}(\boldsymbol{Q},\boldsymbol{K},\boldsymbol{V}) = \text{softmax}[\boldsymbol{v}\cdot\tanh(\boldsymbol{WQ}+\boldsymbol{UK})]^{\mathrm{T}}\cdot\boldsymbol{V}$$

也就是说，查询与键中的信息以线性组合的形式进行了互动。

那么其他的形式是否会有更好的效果呢？在实验中，研究人员发现简单的点积比线性组合更为有效，即：

$$\boldsymbol{QK}^{\mathrm{T}}$$

不仅如此，矩阵乘法可以在实现上更容易优化，使得计算可以加速，并且也更加节省空间。但是点积带来了新的问题：由于隐藏层的向量维度 d_k 很高，点积会得到比较大的数字，这使得 softmax 的梯度变得非常小。在实验中，研究人员把点积进行放缩，乘以一个因子 $\dfrac{1}{\sqrt{d_k}}$，有效地缓解了这个问题：

$$\text{Attention}(\boldsymbol{Q},\boldsymbol{K},\boldsymbol{V}) = \text{softmax}()$$

到目前为止，注意力机制计算出来的只有一组权重。但是语言是高度抽象的表达系统，包含着各种不同层次和不同方面的信息，同一个词也许在不同层次上就应该具有不同的权重。怎么样来抽取这种不同层次的信息呢？Transformer 有一个非常精巧的设计——多头注意力，其结构如图 8.8 所示。

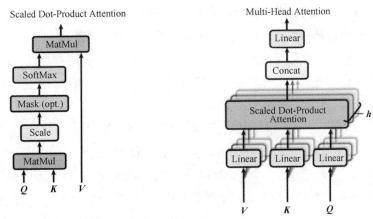

图 8.8　多头注意力结构

（图片来源：Attention is All You Need）

多头注意力首先使用 n 个权值矩阵把查询、键、值分别进行线性变换，得到 n 套这样的键值查询系统，然后分别进行查询。由于权值矩阵是不同的，每一套键值查询系统计算出来的注意力权重就不同，这就是所谓的多个"注意力头"。最后，在每一套系统中分别进行我们所熟悉的加权平均，并在每一个词的位置上把所有注意力头得到的加权平均向量拼接起来，得到总的查询结果。

在 Transformer 的架构中，编码器单元和解码器单元各有一个基于多头注意力的自注意力层，用于捕捉一种语言的句子内部词与词之间的关系。如前文所述，在这种自注意力中，查询、键、值是相同的。我们留意到，在目标语言一端，由于解码是逐词进行的，自注意力不可能注意到当前词之后的词，因此解码器的注意力只注意当前词之前的词，这在训练阶段是通过掩码机制实现的。

而在解码器单元中，由于是目标语言端，它需要来自源语言端的信息，因此还有一个解码器对编码器的注意力层，其作用类似于 RNNSearch 中的注意力机制。

8.5.2 非参位置编码

在 ConvSeq2Seq 中，作者引入了位置向量来捕捉词与词之间的位置关系。这种位置向量与词向量类似，都是网络中的参数，它们是在训练中得到的。

但是这种将位置向量参数化的做法的短处也非常明显。我们知道句子都是长短不一的，假设大部分句子至少有 5 个词以上，只有少部分句子超过 50 个词，那么第 1～5 个位置的位置向量训练样例就非常多，第 51 个词之后的位置向量可能在整个语料库中都见不到几个训练样例。这也就是说越往后的位置有词的概率越低，训练就越不充分。由于位置向量本身是参数，数量是有限的，因此超出最后一个位置的词无法获得位置向量。例如训练的时候，最长句子的长度设置为 100，那么就只有 100 个位置向量，如果在翻译中遇到长度是 100 以上的句子就只能截断了。

在 Transformer 中，作者使用了一种非参的位置编码。没有参数，位置信息是怎么编码到向量中的呢？这种位置编码借助于正弦函数和余弦函数天然含有的时间信息。这样一来，位置编码本身不需要有可调整的参数，而是上层的网络参数在训练中调整适应于位置编码，所以就避免了越往后位置向量训练样本越少的困境。同时，任何长度的句子都可以被很好地处理。另外，由于正弦和余弦函数都是周期循环的，位置编码实际上捕捉到的是一种相对位置信息，而非绝对位置信息，这与自然语言的特点非常契合。

Transformer 的第 p 个位置的位置编码是一个这样的函数：

$$PE(p, 2i) = \sin(p / 10000^{2i/d})$$

$$PE(p, 2i+1) = \cos(p / 10000^{2i/d})$$

其中，$2i$ 和 $2i+1$ 分别是位置编码的第偶数个维度和第奇数个维度，d 是词向量的维度，这个维度等同于位置编码的维度，这样位置编码就可以和词向量直接相加。

8.5.3 编码器单元与解码器单元

在 Transformer 中，每一个词都会被堆叠起来的一些编码器单元所编码。Transformer 整体架构如图 8.9 所示，一个编码器单元中有两层，第一层是多头的自注意力层，第二层是全连接层，每一层都加上了残差连接和层归一化。这是一个非常精巧的设计，注意力和全连接的组合给特征抽取提供了足够的自由度，而残差连接和层归一化又让网络参数更加容易训练。

编码器就是由许许多多这样相同的编码器单元所组成的：每一个位置都有一个编码器单元栈，编码器单元栈中都是由多个编码器单元堆叠而成的。在训练和解码的时候，所有位置上的编码器单元栈并行计算，相比于循环神经网络而言，这大大提高了编码的速度。

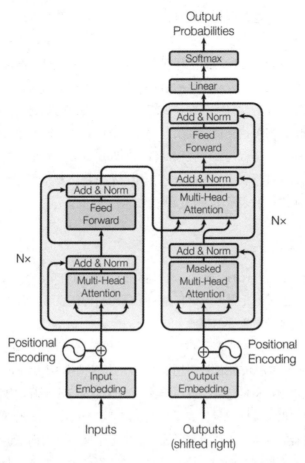

图 8.9　Transformer 整体架构

（图片来源：Attention is All You Need）

　　解码器单元也具有与编码器单元类似的结构。一个不同之处是解码器单元比编码器单元多了一个解码器对编码器注意力层，另一个不同之处是解码器单元中的自注意力层加入了掩码机制，使得前面的位置不能注意后面的位置。

　　与编码器相同，解码器也是由包含了堆叠的解码器单元的解码器单元栈所组成的。训练的时候所有的解码器单元栈都可以并行计算，而解码的时候则按照位置顺序执行。

8.6　表示学习与预训练技术

　　在计算机视觉领域，一个常用的提升训练数据效率的方法就是把一些在 ImageNet 或其他任务上预训练好的神经网络层共享、应用到目标任务上，这些被共享的网络层称为 backbone。使用预训练的好处在于，如果某项任务的数据非常少，但它和其他任务有相似之处，就可以利用在其他任务中学习到的知识，从而减少对某一任务专用标注数据的需求。这种共享的知识往往是某种通用的常识，例如在计算机视觉的网络模型中，研究者们从可视化的各层共享网络中分别发现了不同的特征表示。这是因为不管是什么任务，要处理的对象总是图像，总是有非常多可以共享的特征表示。

研究者们也想把这种预训练的思想应用在自然语言处理中。自然语言中也有许多可以共享的特征表示。例如，无论用哪个领域训练的语料，一些基础词汇的含义总是相似的，语法结构总是相同的，目标领域的模型就只需要在预训练好的特征表示的基础上，针对目标任务或目标领域进行少量数据训练，即可达到良好效果。这种抽取可共享特征表示的机器学习算法被称为表示学习。由于神经网络本身就是一个强大的特征抽取工具，因此无论是在自然语言，还是在视觉领域，神经网络都是进行表示学习的有效工具。本节将简要介绍自然语言处理中基于前文提到的各种网络架构所进行的表示学习与预训练技术。

8.6.1　词向量

自然语言中，一个比较直观的、规模适合计算机处理的语言单位就是词。因此非常自然地，如果词的语言特征能在各任务上共享，这将是一个通用的特征表示。词嵌入（word embedding）至今都是一个在自然处理领域重要的概念。

在早期的研究中，词向量往往是通过在大规模单语语料上预训练一些语言模型得到的；而这些预训练好的词向量通常被用来初始化一些数据稀少的任务的模型中的词向量，这种利用预训练词向量初始化的做法在词性标注、语法分析乃至句子分类中都有着明显的效果提升的作用。

早期的一个典型的预训练词向量代表就是 Word2Vec。Word2Vec 的网络架构是 8.2 节中所介绍的基于多层感知器的架构，本质上都是通过一个上下文窗口的词来预测某一个位置的词，它们的特点是局限于全连接网络的固定维度限制，只能得到固定大小的上下文。

Word2Vec 的预训练方法主要依赖于语言模型。它的预训练主要基于两种模式：第一种是通过上下文（如句子中某个位置前几个词和后几个词）来预测当前位置的词，这种模式被称为 CBOW（Continuous Bag-of-Words），其结构如图 8.10 所示；第二种是通过当前词来预测上下文，被称为 Skip-gram，其结构如图 8.11 所示。

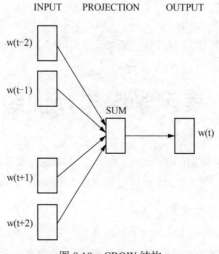

图 8.10　CBOW 结构

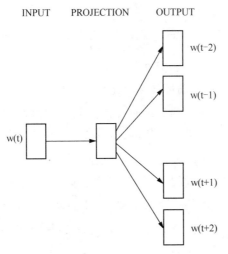

图 8.11　Skip-gram 结构

这种预训练技术被证明是有效的：一方面，使用 Word2Vec 作为其他语言任务的词嵌入初始化成了一项通用的技巧；另一方面，Word2Vec 词向量的可视化结果表明，它确实学习到了某种层次的语义（如图 8.12 中的国家-首都关系）。

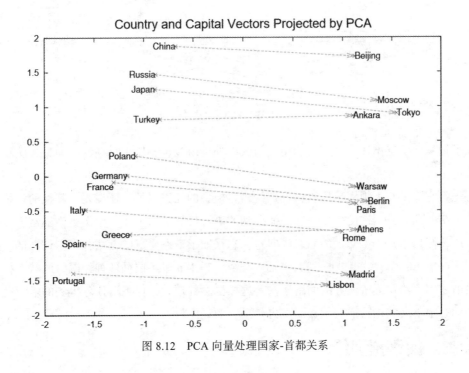

图 8.12　PCA 向量处理国家-首都关系

8.6.2　加入上下文信息的特征表示

8.6.1 小节中的特征表示有两个明显的不足：首先，它局限于某个词的有限大小窗口中的上下文，这限制了它捕捉长距离依赖关系的能力；更重要的是，它的每一个词向量都是在预训练之后就被冻结了的，不会根据使用时的上下文而改变，然而自然语言的一个非常常见的特征就是多义词。

8.3节中提到，加入长距离上下文信息的一个有效办法就是基于循环神经网络的架构。如果我们利用这个架构，在下游任务中根据上下文实时生成特征表示，就可以在一定程度上缓解多义词的局限。在这种思想下利用循环神经网络来获得动态上下文的工作不少，例如 CoVe、Context2Vec、ULMFiT 等。其中较为简洁而又具有代表性的就是 ELMo。

循环神经网络使用的一个常见技巧就是双向循环单元：包括 ELMo 在内的这些模型都采取了双向的循环神经网络（BiLSTM 或 BiGRU），通过将一个位置的正向和反向的循环单元状态拼接起来，可以得到这个位置的词的带有上下文的词向量（context-aware）。ELMo 的结构如图 8.13 所示，循环神经网络使用的另一个常见技巧就是网络层叠加，即下一层的网络输出作为上一层的网络输入，或者所有下层网络的输出作为上一层网络的输入，这样做可以使重要的下层特征易于传到上层。

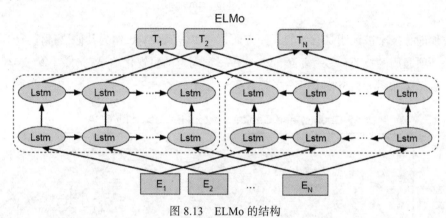

图 8.13　ELMo 的结构

除了把双向多层循环神经网络利用到极致以外，ELMo 相比于早期的词向量方法还有其他关键改进。

首先，它除了在大规模单语语料上训练语言模型的任务以外，还加入了其他的训练任务用于调优（fine-tuning）。这使得预训练中捕捉到的语言特征更为全面，层次更为丰富。

其次，相比于 Word2Vec 的静态词向量，它采取了动态生成的办法：下游任务的序列先放到预训练好的 ELMo 中"跑"一遍，然后"取到"ELMo 里各层循环神经网络的状态拼接在一起，最后才"喂给"下游任务的网络架构。这样虽然开销大，但下游任务得到的输入就是带有丰富的动态上下文的词特征表示，而不再是静态的词向量。

8.6.3　网络预训练

前文所介绍的预训练技术的主要思想还是特征抽取（feature extraction），通过使用更为合理和强大的特征抽取器，尽可能使抽取到的每一个词的特征变深（多层次的信息）和变宽（长距离依赖信息），然后将这些特征作为下游任务的输入。

是否可以像计算机视觉中的"backbone"那样，不局限于抽取特征，还将抽取特征的"backbone"网络层整体应用于下游任务呢？答案为是。8.5 节中介绍的 Transformer 网络架构的诞生，使得各种不同的任务都可以非常灵活地用一个通用的架构建模：我们可以把所有自然语言处理任务的输入都看成序列。如图 8.14 所示，只要在序列的特定位置加入特殊符号，由于 Transformer 具有等长序列到序列的特点，并且经过多层叠加之后序列中各位置信息可以充分交换和推理，特殊符号处的顶层输出可以被看作包含整个序列（或多个序列）的特征，用于各项任务。例如句子分类，就只需要在句首加入一个特殊符号"CLS"，经过多层 Transformer 叠加之后，句子的分类信息收集到句首"CLS"对应的特征向量中，这个特征向量就可以通过仿射变换然后正则化，得到分类概率。多句分类、序列标注也是类似的方法。

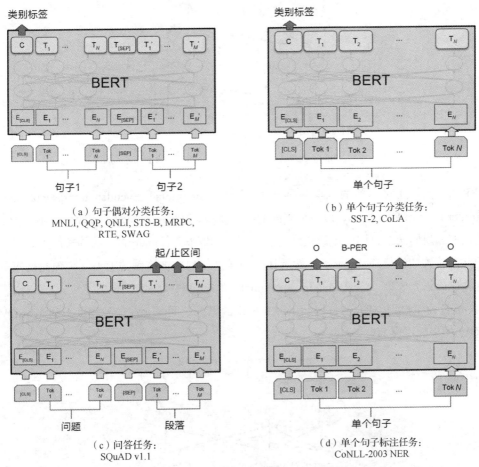

图 8.14　Transformer 通过在序列中加入特殊符号将所有自然语言任务的输入用序列表示

　　Transformer 这种灵活的结构使得除了顶层的激活层网络以外，它下层的所有网络可以被多种不同的下游任务共用。有一个也许不大恰当的比喻，它就像图像任务中的 ResNet 等"backbone"一样，作为语言任务的"backbone"在大规模、高质量的语料上训练好之后，或通过 Fine-tune，或通过 Adapter 方法，直接被下游任务所使用。这种网络预训练的方法，被最近非常受欢迎的 GPT 和 BERT 所采用。

　　GPT，指生成式预训练变压器（Generative Pretrained Transformer），如图 8.15 所示，其本质是生成式语言模型（generative language model）。由于生成式语言模型的自回归（auto-regressive）特

点，GPT 是我们非常熟悉的传统的单向语言模型——"预测下一个词"。GPT 在语言模型任务上训练好之后，就可以针对下游任务进行调优了。由于前面提到 Transformer 架构灵活，GPT 几乎可以适应任意的下游任务。对于句子分类来说，输入序列是原句加上首尾特殊符号；对于阅读理解来说，输入序列是"特殊符号+原句+分隔符+问题+特殊符号"；以此类推。因而 GPT 不需要进行太大的架构改变，就可以方便地针对各项主流语言任务进行调优，这刷新了许多纪录。

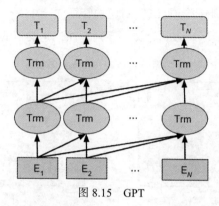

图 8.15　GPT

（图片来源：Bi-directional Encoder Representations from Transformer）

BERT，指来自变压器的双向编码器表示（Bi-directional Encoder Representations from Transformer），如图 8.16 所示，是一个双向的语言模型。这里的双向语言模型，并不是像 ELMo 那样把正向和反向两个自回归生成式结构叠加，而是利用了 Transformer 的等长序列到序列的特点，把某些位置的词掩盖（mask），然后让模型通过序列未被掩盖的上下文来预测被掩盖的部分。这种掩码语言模型（masked language model）的思想非常巧妙，突破了从 n-gram 语言模型到 RNN 语言模型再到 GPT 的自回归生成式模型的思维，同时又在某种程度上和 Word2Vec 中的 CBOW 的思想不谋而合。

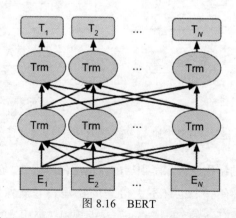

图 8.16　BERT

（图片来源：Bi-directional Encoder Representations from Transformer）

很自然地，掩码语言模型非常适合作为 BERT 的预训练任务。这种利用大规模单语语料，节省人工标注成本的预训练任务还有一种："下一个句子预测"。读者应当非常熟悉，之前所有的经典语言模型，都可以看作"下一个词预测"；而"下一个句子预测"，就是在模型的长距离依赖关系捕捉能力和算力都大大增强的情况下，很自然地发展出来的方法。

BERT 预训练好之后，应用于下游任务的方式与 GPT 类似，也是通过加入特殊符号来针对不同类别的任务构造输入序列。

以 Transformer 为基础架构，尤其是采用类似 BERT 预训练方法的各种模型变体，在学术界和工业界成为的前沿模型，不少相关的研究都围绕着基于 BERT 及其变种的表示学习与预训练展开。例如，共享的网络层参数应该是预训练好就予以固定（freeze），然后用 Adapter 方法在固定参数的网络层基础上增加针对各项任务的结构，还是应该让共享网络层参数也可以根据各项任务调节？如果是后一种方法，哪些网络层应该解冻（defreeze）调优，解冻的顺序应该是怎样的？这些预训练技术变种，都是当前大热的研究课题。

本章在介绍各种神经网络架构的时候，都是以提出这种架构的论文为主展开。这几篇论文都是关于语言建模和机器翻译的工作，然而这些网络架构的应用却远不止于此。2018 年自然语言处理领域最新的研究动向是使用预训练的语言模型对不同的任务进行精调，而这些语言模型的主体网络架构都是以上提到的几种——ELMo、ULMFiT 是基于循环神经网络，BERT、GPT 是基于 Transformer。读者应深入理解各种基本网络架构，而不拘泥于单项任务的模型变种。

8.7　本章小结

本章介绍了深度学习在自然语言处理中的应用。在神经网络"问世"以前，自然语言处理已经被许多研究者关注，他们也提出了一系列传统模型。但是由于语言本身的多样性和复杂性，这些模型的效果并不如人意。为了使用深度神经网络对语言建模，研究者提出了循环神经网络以及一系列改进，包括 LSTM、GRU 等。这些模型虽然达到了较高的精度，但是也遇到了训练上的许多问题。Transformer 的提出为自然语言研究者们提供了一种新的思路。本章最后介绍了表示学习和预训练技术，这些知识并不局限于自然语言处理，它们包含了深度学习的通用技巧，读者可以尝试在计算机视觉应用中使用预训练模型以加速训练。

第9章

实战：使用 PyTorch 实现基于卷积神经网络模型的图像分类与数据可视化

本章通过一个 CNN 模型预测图片内容的案例来介绍 Python 语言以及 PyTorch 在深度学习领域的应用。本章选择图像分类作为实践课题，引领读者从零开始构建 CNN 模型并对数据和训练过程进行可视化，学习运用 Python 分析处理数据与使用 PyTorch 搭建、训练模型的一般方法。本章将数据可视化穿插在模型搭建中，从模型训练与数据可视化两条线索进行学习。本章涉及一些深度学习相关的专业模块，比如 NumPy、Tensorboard、Matplotlib 等，读者学习本章时可通过案例了解这些工具的工作原理并结合官方文档学习它们的使用方法。

9.1　卷积神经网络模型

9.1.1　卷积神经网络模型的发展

本章涉及的卷积神经网络模型属于深度学习模型的一种。对卷积神经网络的研究始于 20 世纪 80 至 90 年代，时间延迟网络和 LeNet-5 是最早出现的卷积神经网络；在 21 世纪随着深度学习理论的提出和数值计算设备的改进，卷积神经网络得到了快速的发展，并被用于计算机视觉、自然语言处理等领域。截至今日，说卷积神经网络是最重要的神经网络之一也不为过，它在近几年"大放异彩"，几乎所有图像语音识别领域的重要突破都是基于卷积神经网络取得的，比如 Google 公司的 GoogLeNet、Microsoft 公司的 ResNet 等，打败李世石的 AlphaGo 也用到了这种网络。

卷积神经网络的几个关键操作为卷积（convolution）、激活（activation）和池化（pooling）。通过卷积激活和池化操作，我们可以将二维的图像数据转换为特征向量，然后将特征向量输入全连接网络层进行图像的分类。对于卷积、激活和池化的具体操作方式，本章不赘述，请读者查阅相关资料进行学习。

卷积神经网络相对全连接神经网络有以下几个显著的优点：首先，卷积神经网络通过卷积操作实现了权值共享，从而大大减少了参数数量；其次，卷积神经网络有效利用了像素点之间的位置信息而不是将它们视为孤立的点；最后，卷积神经网络有效地突破了层数限制，大大提高了网络的表达能力。在本章中，我们将动手实现一个卷积神经网络来用于图像分类。

9.1.2　Tensorboard

在动手搭建网络模型之前，我们要学习本章的第二个重要工具——Tensorboard。Tensorboard 是一个功能强大的深度学习 Web 组件，通过它我们可以对训练集数据、网络模型结构、训练过程等进行可视化展示。使用 Tensorboard 可以帮助我们更好地把握数据特点，更加高效地对网络模型进行改进。通过在代码中调用相关的 API，我们可以将训练过程中产生的中间数据写入文件，通过调用 Web 程序进行可视化。在本章中，我们的代码工作由两条线索组成，第一条是网络搭建与训练，第二条是用于可视化的数据的搜集与记录，我们将沿着这两条线索开始代码工作。

9.2　卷积神经网络模型与 Tensorboard 实战

在本节中，我们将从零开始使用 PyTorch 动手搭建一个卷积神经网络模型并完成网络模型的训练，同时我们将使用 Tensorboard 完成相关的数据可视化工作。

9.2.1　FashionMNIST 数据集

本案例使用的数据集名为 FashionMNIST，它由 60 000 张训练图片和 10 000 张测试图片组成，每张图片的分辨率为 28 像素 × 28 像素，图片种类有 10 种：T 恤（T-shirt/top）、裤子（Trousers）、套头衫（Pullover）、连衣裙（Dress）、外套（Coat）、凉鞋（Sandal）、衬衫（Shirt）、运动鞋（Sneaker）、包（Bag）、靴子（Ankle boot），所有图像都为单通道。本案例的任务是通过训练集训练模型然后预测测试集图像的种类，再通过交叉熵评估模型的表现。FashionMNIST 数据集如图 9.1 所示。

图 9.1　FashionMNIST 数据集

9.2.2　数据准备与模型搭建

我们开始数据准备与模型搭建相关的代码工作。首先编写处理训练集数据的代码，加载 FashionMNIST 数据集：

```python
# imports
import matplotlib.pyplot as plt
import numpy as np

import torch
import torch.utils.data.dataloader as Loader
import torchvision
import torchvision.transforms as transforms

import torch.nn as nn
import torch.nn.functional as F
import torch.optim as optim

from torch.utils.tensorboard import SummaryWriter

BATCH_SIZE = 4

# transforms
transform = transforms.Compose(
    [transforms.ToTensor(),
     transforms.Normalize((0.5,), (0.5,))])

# datasets
trainset = torchvision.datasets.FashionMNIST('./data',
    download=True,
    train=True,
    transform=transform)
testset = torchvision.datasets.FashionMNIST('./data',
    download=True,
    train=False,
    transform=transform)

# dataloaders
trainloader = Loader.DataLoader(trainset, batch_size=BATCH_SIZE, shuffle=True)

testloader = Loader.DataLoader(testset, batch_size=BATCH_SIZE, shuffle=False)
# constant for classes

classes = ('T-shirt/top', 'Trousers', 'Pullover', 'Dress', 'Coat', 'Sandal', 'Shirt',
'Sneaker', 'Bag', 'Ankle Boot')
```

首先，我们定义了一个 transform 工具。该工具用于对数据的预处理，处理方式如构造方法参数所示，由两阶段组成：首先 ToTensor 操作将图像转换为（C,H,W）的格式，然后将像素值从[0,255]归一化到[0,1]；其次，Normalize 操作对像素值进一步归一化到[-1,1]。归一化处理后的图像如图 9.2 所示。

ToTensor 方法对不同格式的多通道 image 的转换结果不同。

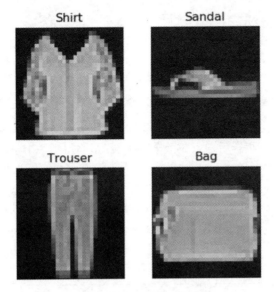

图 9.2　归一化处理后的图像

完成数据的读入后，我们定义了两个 dataloader 来为数据按 batch 加载做准备。在本案例中，每个 batch 的大小被预定义为 4，也就意味着每 4 个数据经过网络，就进行一次反向传播并更新参数。

> **┃ 想一想 ┃**
>
> 请读者思考不同的 batchsize 的区别是什么？

最后，我们定义了类别标签，因为数据集的标签为数字 0 ~ 9，我们定义 classes 这个元组进行标签的映射。

接下来进行模型搭建，具体代码如下。

```python
class Net(nn.Module):

    def __init__(self):
        super(Net, self).__init__()
        self.conv1 = nn.Conv2d(1, 6, 5)
        self.pool = nn.MaxPool2d(2, 2)
        self.conv2 = nn.Conv2d(6, 16, 5)
        self.fc1 = nn.Linear(16 * 4 * 4, 120)
        self.fc2 = nn.Linear(120, 84)
        self.fc3 = nn.Linear(84, 10)

    def forward(self, x):
        x = self.pool(F.relu(self.conv1(x)))
        x = self.pool(F.relu(self.conv2(x)))
        x = x.view(-1, 16 * 4 * 4)
        x = F.relu(self.fc1(x))
        x = F.relu(self.fc2(x))
        x = self.fc3(x)
        return x
```

```
net = Net()

criterion = nn.CrossEntropyLoss()
optimizer = optim.SGD(net.parameters(), lr=0.001, momentum=0.9)
```

在这部分代码中定义了 Net 类，也就是我们要构建的卷积神经网络模型。该类有两个方法，第一个 init 方法用于初始化网络并定义网络组成，在本案例中我们定义的网络包含了卷积层、最大池化层和全连接层。在 forward 函数中我们规定了这些层的连接方式和激活函数等。输入的数据经过两个卷积-池化组合后送入 3 个全连接层，最终得到一个 1×10 的列向量作为网络输出，我们用其表征最终的分类结果。

在第一个函数中的 nn.Conv2d 函数的 3 个参数含义分别为：待卷积数据的通道数、输出数据的通道数和卷积核大小。其他函数的参数含义请读者结合案例和官方文档一起学习。

▎试一试 ▎

感兴趣的读者可以尝试更加复杂的网络结构并将分类结果与本案例中的模型进行对比。

定义好网络结构之后，我们实例化了一个 net 对象。除此之外还定义了 criterion 和 optimizer，前者定义了网络的损失函数，后者定义了网络参数的更新方式。在本案例中我们选择了交叉熵作为损失函数，并使用 SGD 算法更新网络参数，感兴趣的读者可以查阅相关资料了解他们的具体算法。

▎试一试 ▎

请读者尝试其他损失函数或优化算法并与本案例对比结果。

9.2.3　Tensorboard 的使用

我们将要使用 Tensorboard 工具对数据和网络训练过程进行可视化，并查看网络的训练结果。首先我们通过 Tensorboard 查看一些数据单元，具体代码如下：

```
writer = SummaryWriter('./fit_logs/fashion_mnist_experiment_1')

# 随机获取一些训练图片
dataiter = iter(trainloader)
images, labels = next(dataiter)

# 创建一个图片网格
img_grid = torchvision.utils.make_grid(images)

# 写入 Tensorboard
writer.add_image('four_fashion_mnist_images', img_grid)
```

在这段代码中，我们首先定义了一个 writer，它是用来定义 Tensorboard 将要展示的数据的存放位置的；然后在 trainloader 中取出一个 batch（4 个）的数据通过 torchvision.utils.make_grid 函数拼接成一个图像；最后我们把这个拼接后的图像写入存储文件，并保存在刚才 writer 定义的目录下。保存信息后，在控制台运行 Tensorboard 指令：Tensorboard --logdirfit_logs，之后打开弹出的地址就可以看到 Tensorboard 的可视化结果了。指令运行结果和数据可视化结果如图 9.3 和图 9.4 所示。

```
TensorFlow installation not found - running with reduced feature set.
Serving TensorBoard on localhost; to expose to the network, use a proxy or pass --bind_all
TensorBoard 2.2.1 at http://localhost:6006/ (Press CTRL+C to quit)
```

图 9.3　指令运行结果

图 9.4　数据可视化结果

> 指令中的"fit_logs"为预定义的数据存储路径，读者应根据实际情况调整。

可以看到，Tensorboard 中已经有了数据的可视化结果。观察代码可发现，这个可视化结果实际上是 Matplotlib 的 figure 类型数据，也就是说我们可以通过这种方法将任意的 figure 数据写入 Tensorboard。除了对数据的可视化，Tensorboard 还有一个强大的功能——对网络模型的可视化，这个强大的功能可以帮助我们更加直观地观察网络模型结构，从而更加高效地改进网络模型，也可以帮助我们快速地设计结构更加复杂的网络模型。具体代码如下。

```
#显示模型
writer.add_graph(net, images)
```

net 是我们实例化的网络模型，images 是模型的输入数据，也就是我们取出的一个 batch 的数集合，之后我们就可以在 Tensorboard 中查看网络模型了，网络模型结构可视化结果如图 9.5 所示。从图中可以看到，显示出的网络模型结构与我们的设计是一致的。

Tensorboard 还可以对高维度数据进行低维映射，让我们能更加直观地观察数据的分布。具体代码如下。

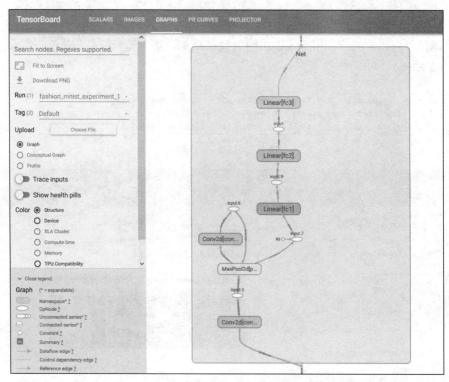

图 9.5　网络模型结构可视化结果

```python
# 辅助函数
def select_n_random(data, labels, n=100):
    """
    Selects n random datapoints and their corresponding labels from a dataset
    """
    assert len(data) == len(labels)

    perm = torch.randperm(len(data))
    return data[perm][:n], labels[perm][:n]


# select random images and their target indices
images, labels = select_n_random(trainset.data, trainset.targets)

# get the class labels for each image
class_labels = [classes[lab] for lab in labels]

# log embeddings
features = images.view(-1, 28 * 28)
writer.add_embedding(features,
                     metadata=class_labels,
                     label_img=images.unsqueeze(1))
```

　　首先 select_n_random 函数用来从所有的数据中随机选出 100 个数据用于展示，class_labels 表示 labels 从数字映射到对应字符串的结果，features 则表示挑选出的数据的特征，view 函数用于将二维矩阵展平成一维。最后我们调用 add_embedding 函数来把这些高维度特征进行低维度可视化。

label_img 应为一个形如 $N \times C \times H \times W$ 的张量，但是本案例中的数据为灰度图，也就是说 images 的形式为 $N \times H \times W$。这个时候我们需要调用 unsqueeze 函数，在它的第一维进行扩充，请读者结合 PyTorch 的 API 文档进行学习。注：N 属于通用符，表示 batch_size。

数据特征可视化结果如图 9.6 所示。

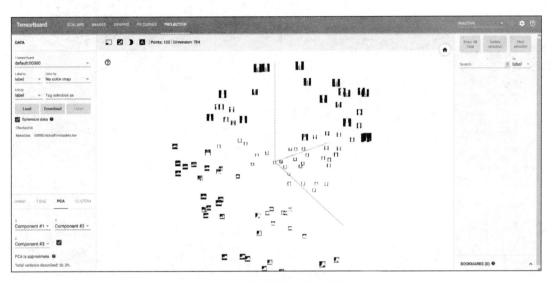

图 9.6　数据特征可视化结果

图中的坐标系可以拖动旋转，这使我们能更加直观地了解数据的分布。

▌ 试一试 ▌

Tensorboard 中的一些 button 的功能留给感兴趣的读者自行探索。

接下来是非常重要的一部分，也就是神经网络的训练与可视化，具体代码如下。

```python
# 辅助函数
def images_to_probs(net, images):
    """
    从经过训练的网络和图像列表生成预测标签和相应的概率
    """
    output = net(images)
    _, preds_tensor = torch.max(output, 1)
    preds = np.squeeze(preds_tensor.numpy())
    return preds, [F.softmax(el, dim=0)[i].item() for i, el in zip(preds, output)]

def plot_classes_preds(net, images, labels):
    """
    使用经过训练的网络以及一批图像和标签生成 matplotlib 图，该图显示网络的顶部预测及其概率，并与
实际标签一起，根据预测是否正确为该信息上色。使用 "images_to_probs" 函数。
    """
    preds, probs = images_to_probs(net, images)
    # plot the images in the batch, along with predicted and true labels
```

```python
        fig = plt.figure(figsize=(8, 2))
    for idx in np.arange(4):
        ax = fig.add_subplot(1, 4, idx + 1, xticks=[], yticks=[])
        img = images[idx].squeeze()
        img = img / 2 + 0.5 # unnormalize
        npimg = img.numpy()
        ax.imshow(npimg, cmap="Greys")
        ax.set_title("{0}, {1:.1f}%\n(label: {2})".format(
            classes[preds[idx]],
            probs[idx] * 100.0,
            classes[labels[idx]]),
            color=("green"if preds[idx] == labels[idx].item()else "red"))
    return fig

#模型训练
running_loss = 0.0
print("Start training")
for epoch in range(5):  # 在整个数据集上循环多次

    for i, data in enumerate(trainloader, 0):

        # 获取输入，输入数据是一个列表 [inputs, labels]
        inputs, labels = data

        # 将参数梯度置零
        optimizer.zero_grad()

        # forward + backward + optimize
        outputs = net(inputs)
        loss = criterion(outputs, labels)
        loss.backward()
        optimizer.step()

        running_loss += loss.item()
        if i % 5000 == 4999:    # 每过 1000 个 mini-batches 记录一次训练结果

            #输出损失
            print("Epoch: %d Batch: %d Loss is %f"% (epoch+1,i+1,running_loss/5000))

            # 记录运行中的损失
            writer.add_scalar('training loss',
                    running_loss / 5000,
                    epoch * len(trainloader) + i)

            # 记录一个 Matplotlib Figure 展示模型在一个批次随机样本上的预测结果
            writer.add_figure('predictions vs. actuals',
                    plot_classes_preds(net, inputs, labels),
                    global_step=epoch * len(trainloader) + i)
            running_loss = 0.0
print('Finished Training')
```

首先辅助函数 images_to_probs 用于将 images 数据输入网络并得到预测结果，torch.max 函数用于得到每个样本对应的最大预测概率的标签，F.softmax 用于将网络的输出转换为样本为每个种类的对应概率，这个函数最终返回的结果是 images 中每个样本的预测标签和对应概率。然后，第二个辅助函数 plot_classes_preds 用于生成一个 batch 的数据的预测结果与真实结果的对比，并将所有信息生成一个 figure 图像且用于 Tensorboard 的可视化。需要指出的是，fig.add_subplot 函数用于在一个 figure 画布中生成子图，img=img/2+0.5 操作用于把图像去归一化，从而显示原本的图像。最后 ax.set_title 函数中 color 的定义用于把预测错的数据标记为红色。

再看模型训练部分，整个训练过程将所有数据迭代了 5 次，也就是 5 个 epoch。在每个迭代中，按 batch 进行参数更新，"forward + backward + optimize" 操作是网络训练的一般过程，请读者熟练掌握，训练过程中每 5000 个 batch 输出一次 loss 并生成 Tensorboard 的记录文件。writer.add_scalar 函数用于生成 loss 的走向图表，writer.add_figure 函数对应着辅助函数 plot_classes_preds 生成的中间预测结果，将其送入 Tensorboard 进行展示。

　代码中的一些未说明的函数和参数含义均在 PyTorch 官方 API 中有详细说明，这里不赘述，感兴趣的读者可以自行了解。

最后 loss 变化和中间数据的可视化结果如图 9.7 和图 9.8 所示。

可以看到随着训练的进行，网络的精准度也越来越高，loss 不断减小，中间数据的预测结果显示了我们的模型达到了不错的预测效果，样本的预测值与真实值非常接近。模型训练过程中的 loss 变化如图 9.9 所示。

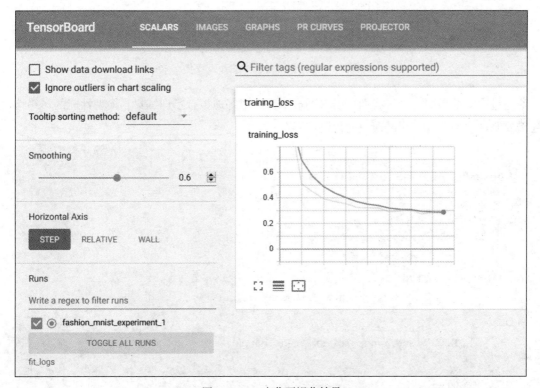

图 9.7　loss 变化可视化结果

图 9.8　中间数据可视化结果

```
Start training
Epoch: 1 Batch: 5000 Loss is 1.020744
Epoch: 1 Batch: 10000 Loss is 0.536183
Epoch: 1 Batch: 15000 Loss is 0.443257
Epoch: 2 Batch: 5000 Loss is 0.406401
Epoch: 2 Batch: 10000 Loss is 0.370634
Epoch: 2 Batch: 15000 Loss is 0.353111
Epoch: 3 Batch: 5000 Loss is 0.327275
Epoch: 3 Batch: 10000 Loss is 0.318681
Epoch: 3 Batch: 15000 Loss is 0.326986
Epoch: 4 Batch: 5000 Loss is 0.296496
Epoch: 4 Batch: 10000 Loss is 0.301668
Epoch: 4 Batch: 15000 Loss is 0.291177
Epoch: 5 Batch: 5000 Loss is 0.269579
Epoch: 5 Batch: 10000 Loss is 0.278380
Epoch: 5 Batch: 15000 Loss is 0.278450
Finished Training
```

图 9.9　模型训练过程中的 loss 变化

通过中间结果的查看，我们可以看到模型已经很好地拟合了训练集，模型性能的最终检验还需要测试集的检验，测试模块的代码如下。

```python
# 1. gets the probability predictions in a test_size x num_classes Tensor
# 2. gets the preds in a test_size Tensor
# takes ~10 seconds to run
class_probs = []
class_preds = []
with torch.no_grad():
    for data in testloader:
        images, labels = data
        output = net(images)
        class_probs_batch = [F.softmax(el, dim=0) for el in output]
        _, class_preds_batch = torch.max(output, 1)

        class_probs.append(class_probs_batch)
        class_preds.append(class_preds_batch)

test_probs = torch.cat([torch.stack(batch) for batch in class_probs])
test_preds = torch.cat(class_preds)
```

```
# helper function
def add_pr_curve_tensorboard(class_index, test_probs, test_preds, global_step=0):
    """
    Takes in a "class_index" from 0 to 9 and plots the corresponding
    precision-recall curve
    """
    tensorboard_labels = testset.targets == class_index
    tensorboard_probs = test_probs[:, class_index]

    writer.add_pr_curve(classes[class_index],
                        tensorboard_labels,
                        tensorboard_probs,
                        global_step=global_step)

# plot all the pr curves
for i in range(len(classes)):
    add_pr_curve_tensorboard(i, test_probs, test_preds)

writer.close()
```

测试部分的代码做了以下几件事情。将所有的测试数据输入网络，得到预测结果和预测标签，并将所有的数据整合在 test_probs 和 test_preds 两个张量中。add_pr_curve_tensorboard 函数用于生成一个类的 PR 曲线，首先使用 tensor 的广播机制得到所有测试样本是否是某一类的布尔向量，然后从 test_probs 获得对每个类的预测值，最后将这些数据送入 writer.add_pr_curve 函数用于可视化。我们把 10 个类的数据依序执行一次，这个函数就可以得到 10 个类的 PR 曲线用于评估模型的实际性能了。Ankle boot 和 Bag 类的 PR 曲线如图 9.10 所示。

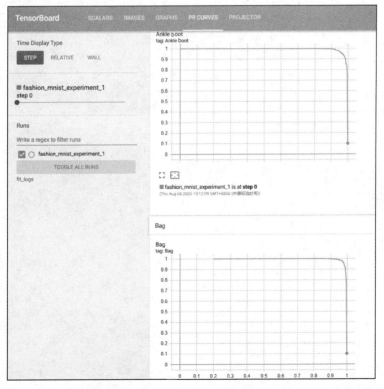

图 9.10　Ankle boot 和 Bag 类的 PR 曲线

由于篇幅原因我们只展示了两个类的预测结果，可以看到我们的模型达到了很好的预测效果。

9.3　本章小结

本章通过一个卷积神经网络模型预测图像内容的案例，介绍了使用 PyTorch 进行深度学习研究的方法，介绍了 FashionMNIST 数据集并在其上搭建模型进行训练和预测，以及使用 Tensorboard 对网络模型、数据集、训练过程等进行可视化展示。对于代码中出现的一些陌生的函数，读者还需举一反三，对与之相关的函数或工具结合官方 API 文档研读、学习，尝试使用更加复杂的模型去解决更加复杂的问题，这是学习 PyTorch 的有效途径。

第 10 章

实战：使用 PyTorch 实现基于 textCNN 的文本分类

分类（classification）是指自动对数据进行标注。人们在日常生活中通过经验分类，但是要依据一些规则手动地对互联网上的每一个页面进行分类，是不可能的。因此，基于计算机的高效自动分类技术成为人们解决互联网应用难题的迫切需求。与分类技术类似的是聚类。聚类不是将数据匹配到预先定义的标签集合，而是通过与其他数据相关的隐含结构自动地将数据聚集为一个或多个类别。文本分类是数据挖掘和机器学习领域的一个重要研究方向。

分类是信息检索领域多年来一直研究的课题，一方面，以搜索的应用为目的来提高分类的有效性和在某些情况下的效率；另一方面，分类也是经典的机器学习技术。在机器学习领域，分类是在有标注的预定义类别体系下进行的，因此属于有监督的学习问题；相反，聚类则是一种无监督的学习问题。

文本分类（Text Classification 或 Text Categorization，TC），或者称为自动文本分类（Automatic Text Categorization，ATC），是指计算机将载有信息的一篇文本映射到预先给定的某一个类别或某几个类别主题的过程。随着互联网的不断发展，网上的文本数据越来越多，这些文本数据有着丰富的信息。如果能将这些文本数据进行初步分类，那么更有利于从这些海量的文本数据中提取出有用的信息，因此文本分类是文本处理过程中不可或缺的环节。对人类而言，文本分类有助于构建文体意识，对写作和阅读理解有极大的帮助。对机器而言，文本分类同样有助于机器解读、接收文本传达的信息和生成用户需要的文本。因此，研究文本分类是十分有意义的。

另外，文本分类也属于自然语言处理领域。本文中文本（text）和文档（document）不加区分，具有相同的意义。

10.1　文本分类常用的 Python 工具库

1. tqdm

tqdm 是一个快速、可扩展的 Python 进度条库，可以在 Python 长循环中添加进度提示信息，用户只需要封装任意的迭代器（iterator）。

2. NumPy

NumPy 是 Python 的一个开源的数值计算扩展工具。该工具可用来存储和处理大型矩阵，比 Python 自身的嵌套列表结构（nested list structure）要高效得多。NumPy 即数字 Python（Numeric Python），提供了许多高级的数值编程工具，如矩阵数据类型、矢量处理，以及精密的运算库。它是专为进行严格的数字处理而产生的。

3. argparse

argparse 是 Python 的命令行解析的标准模块库，内置于 Python。这个库让我们直接在命令行中就可以向程序中传入参数并让程序运行。

10.2 数据集

本章所使用的数据集是从 THUCNews 中抽取的 20 万条新闻标题，文本长度在 20 到 30 个字符之间。它一共 10 个类别，每类 2 万条；以字为单位输入训练集，使用了预训练词向量：搜狗新闻 Word+Character 300d。它分为以下 10 个类别：财经、房产、股票、教育、科技、社会、时政、体育、游戏、娱乐。依次用标签 0~9 表示。数据集展示如图 10.1 所示。

```
词汇阅读是关键 08年考研暑期英语复习全指南        3
中国人民公安大学2012年硕士研究生目录及书目        3
日本地震：金吉列关注在日学子系列报道  3
名师辅导：2012考研英语虚拟语气三种用法        3
自考经验谈：自考生毕业论文选题技巧        3
本科未录取还有这些路可以走        3
2009年成人高考招生统一考试时间表        3
去新西兰体验舌尖上的饕餮之旅(组图)        3
四级阅读与考研阅读比较分析与应试策略        3
备考2012高考作文必读美文50篇(一)        3
名师详解考研复试英语听力备考策略        3
热议：艺术合格证是高考升学王牌吗(组图) 3
研究生办替考网站续：幕后老板年赚近百万(图)        3
2011年高考文科综合试题(重庆卷)        3
56所高校预估2009年湖北录取分数线出炉 3
公共英语(PETS)写作中常见的逻辑词汇汇总        3
时评：高考应成为教育公平的"助推器"        3
```

图 10.1 数据集展示

图 10.1 左边为新闻的标题，右边数字表示标签，即标题的分类，例如 3 表示教育类。数据集划分为：训练集 18 万，验证集 1 万，测试集 1 万。

搜狗新闻 Word+Character 300d 的预训练模型如图 10.2 所示。

```
[[ 0.29827962  0.41063769  0.89462984 ...  0.6416691   0.88055139
   0.16834516]
 [ 0.00102    -0.133386   -0.190171   ... -0.14429501 -0.52121401
   0.206875  ]
 [-0.024858    0.130821   -0.401039   ...  0.34848201 -0.50993001
  -0.183386  ]
 ...
 [-0.20301799  0.144519   -0.003503   ... -0.29272199 -0.155543
   0.066212  ]
 [ 0.50523703  0.6514817   0.40988785 ...  0.63914118  0.27362602
   0.79338627]
 [ 0.28897455  0.88642565  0.62531905 ...  0.67309214  0.78327786
   0.13400399]]
```

图 10.2 预训练模型

10.3　算法模型

10.3.1　模型介绍

我们之前提及 CNN 时，通常会认为它属于 CV 领域，可用于计算机视觉方向的工作，但是在 2014 年，Yoon Kim 针对 CNN 的输入层做了一些变形，提出了文本分类模型 textCNN。与传统图像的 CNN 网络相比，textCNN 在网络结构上没有任何变化（甚至更加简单了）。从图 10.3 可以看出，textCNN 其实只有一层卷积，一层最大池化，最后将输出外接 softmax 函数来分类。

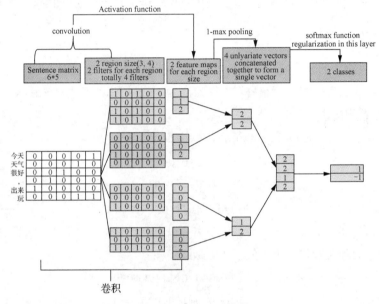

图 10.3　textCNN 模型

与图像中 CNN 的网络相比，textCNN 最大的特点便是输入数据的不同。

（1）图像是二维数据，图像的卷积核是通过从左到右、从上到下滑动来进行特征抽取的。

（2）自然语言是一维数据，虽然经过词嵌入生成了二维向量，但是从左到右滑动来对词向量进行卷积没有意义。比如"今天"对应的向量[0,0,0,0,1]，按窗口大小为 1*2 从左到右滑动得到[0,0]、[0,0]、[0,0]、[0,1]这 4 个向量，对应的都是"今天"这个词汇，这种滑动没有帮助。

textCNN 的成功，不是网络结构的成功，而是通过引入已经训练好的词向量在多个数据集上达到了超越基准的表现，这进一步证明了构造更好的嵌入，可提升 NLP 各项任务的关键能力。

下面我们将详细介绍 textCNN 的具体流程。

1. 词嵌入分词构建词向量

如图 10.4 所示，textCNN 首先将"今天天气很好，出来玩"分词成"今天/天气/很好/，/出来/玩"，通过 Word2Vec 或者 GLOV 等嵌入方式将每个词成映射成一个 5 维（维数可以自己指定）词向量，如"今天"→[0,0,0,0,1]，"天气"→[0,0,0,1,0]，"很好"→[0,0,1,0,0]等。

今天	0	0	0	0	1
天气	0	0	0	1	0
很好	0	0	1	0	0
，	0	1	0	0	0
出来	1	0	0	0	0
玩	0	0	0	1	1

图 10.4　词嵌入

这样做的好处主要是将自然语言数值化，方便后续的处理。从这里也可以看出不同的映射方式对最后的结果会产生巨大的影响，NLP 中目前十分火热的研究方向便是如何将自然语言映射成更好的词向量。我们构建完词向量后，将所有的词向量拼接起来构成一个 6×5 的二维矩阵，作为最初的输入。

2. 卷积

卷积是一种数学算子。我们用一个简单的例子来说明一下，如图 10.5 所示。

Step 1：将"今天""天气""很好""，"对应的 4×5 矩阵的元素与卷积核的元素先点乘然后求和，这便是卷积操作。

$$feature_{map[0]}=0*1+0*0+0*1+0*0+1*0+ \qquad （第 1 行）$$

$$0*0+0*0+0*0+1*0+0*0+ \qquad （第 2 行）$$

$$0*1+0*0+1*1+0*0+0*0+ \qquad （第 3 行）$$

$$0*1+1*0+0*1+0*0+0*0=1 \qquad （第 4 行）$$

Step 2：将窗口向下滑动一格（滑动的距离可以自己设置），"天气""很好""，""出来"对应的 4×5 矩阵与卷积核（权值不变）继续卷积。

$$feature_{map[1]}=0*1+0*0+0*1+1*0+0*0+ \qquad （第 1 行）$$

$$0*0+0*0+1*0+0*0+0*0+ \qquad （第 2 行）$$

$$0*1+1*0+0*1+0*0+0*0+ \qquad （第 3 行）$$

$$1*1+0*0+0*1+0*0+0*0=1 \qquad （第 4 行）$$

Step 3：将窗口向下滑动一格（滑动的距离可以自己设置）"很好""，""出来""玩"对应的 4×5 矩阵与卷积核（权值不变）继续卷积。

$$feature_{map[2]}=0*1+0*0+1*1+1*0+0*0+ \qquad （第 1 行）$$

$$0*0+1*0+0*0+0*0+0*0+ \qquad （第 2 行）$$

$$1*1+0*0+0*1+0*0+0*0+ \qquad （第 3 行）$$

$$0*1+0*0+0*1+1*0+1*0=2 \qquad （第 4 行）$$

$feature_{map[2]}$便是卷积之后的输出，通过卷积操作将输入的 6×5 矩阵映射成一个 3×1 的矩阵，这个映射过程和特征抽取的结果很像，于是便将最后的输出称作特征图。一般来说在卷积之后会跟一个激活函数，在这里为了简化说明需要，我们将激活函数设置为 $f(x)=x$。

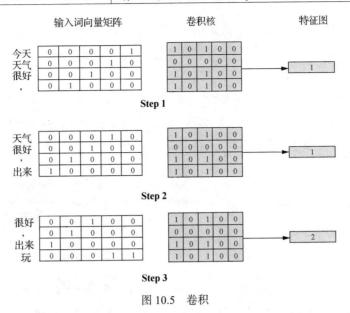

图 10.5　卷积

3. 关于 channel 的说明

在 CNN 中常常会提到一个词 channel（通道），图 10.6 中深红矩阵与浅红矩阵便构成了两个 channel，统称一个卷积核。从这个图中也可以看出，每个 channel 不必严格一样，每个 4×5 矩阵与输入矩阵做一次卷积操作得到一个特征图。在计算机视觉中，由于彩色图像存在 R、G、B 这 3 种颜色，每个颜色便代表一种 channel。

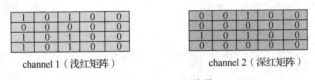

channel 1（浅红矩阵）　　　　channel 2（深红矩阵）

图 10.6　channel 说明

一开始引入 channel 是希望防止过拟合（通过保证学习到的向量不要偏离输入太多）来在小数据集合获得比单 channel 更好的表现，后来发现其实直接使用正则化效果更好。

不过使用多 channel 相比于单 channel，每个 channel 可以使用不同的词嵌入，比如可以在 no-static（梯度可以反向传播）的 channel 来 fine tune 词向量，让词向量更加适用于当前的训练。

4. 最大池化的说明

得到 feamap=[1,1,2]后，从中选取一个最大值（2）作为输出，便是最大池化。最大池化在保持主要特征的情况下，大大减小了参数的数目，从图 10.7 中可以看出特征图从三维变成了一维，好处有如下两点。

（1）降低了过拟合的风险，feature map=[1,1,2]或者[1,0,2]最后的输出都是 2（见图 10.7），这表明即使开始的输入有轻微变形，也不影响最后的识别。

（2）参数减少，进一步加速计算。

卷积核的权值共享为 pooling 带来了平移不变性。而 max-pooling 由于其从多个值中取出一个最大值的原理，不具有平移不变性。CNN 能够具有平移不变性是因为在滑动卷积核的时候，使用的卷积核权值是保持固定的（权值共享），假设这个卷积核被训练的能识别字母 A，当这个卷积核在整张图片上滑动的时候，当然可以把整张图片的 A 都识别出来。

5. 使用 softmax k 分类

如图 10.8 所示，我们将最大池化的结果拼接起来，送入 softmax，得到各个类别如 label 为 1 的概率以及 label 为-1 的概率。如果是预测，到这里整个 textCNN 的流程便结束了。

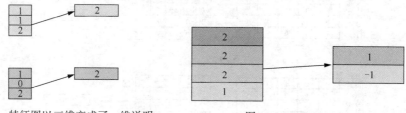

图 10.7　特征图以三维变成了一维说明　　　　　图 10.8　softmax

如果是训练，此时便会根据预测 label 以及实际 label 来计算损失函数，计算出 softmax 函数、max-pooling 函数、激活函数以及卷积核函数这 4 个函数中参数需要更新的梯度，来依次更新这 4 个函数中的参数，完成一轮训练。

10.3.2　模型实现

这一小节的内容是模型的代码实现。

```
class Model(nn.Module):
    def __init__(self, config):
        super(Model, self).__init__()
        if config.embedding_pretrained is not None:
            self.embedding = nn.Embedding.from_pretrained(config.
embedding_pretrained, freeze=False)
        else:
            self.embedding = nn.Embedding(config.n_vocab, config.embed,
padding_idx=config.n_vocab - 1)
        self.convs = nn.ModuleList(
            [nn.Conv2d(1, config.num_filters, (k, config.embed)) for k in
config.filter_sizes])
        self.dropout = nn.Dropout(config.dropout)
        self.fc = nn.Linear(config.num_filters * len(config.filter_sizes),
config.num_classes)

    def conv_and_pool(self, x, conv):
        x = F.relu(conv(x)).squeeze(3)
        x = F.max_pool1d(x, x.size(2)).squeeze(2)
        return x

    def forward(self, x):
        out = self.embedding(x[0])
        out = out.unsqueeze(1)
        out = torch.cat([self.conv_and_pool(out, conv) for conv in self.convs], 1)
        out = self.dropout(out)
        out = self.fc(out)
        return out
```

10.3.3　模型结果

从图 10.9 中可以看出，textCNN 的准确率（precision）、召回率（recall）及 f1 的值（f1-score），均为 90% 左右，这说明模型对于该数据集具有良好的效果。

```
Test Loss:   0.3,   Test Acc: 90.99%
Precision, Recall and F1-Score...
                  precision    recall   f1-score   support

       finance     0.9118     0.8890    0.9003      1000
         realty    0.9277     0.9360    0.9318      1000
         stocks    0.8730     0.8390    0.8557      1000
      education    0.9511     0.9540    0.9526      1000
        science    0.8570     0.8750    0.8659      1000
        society    0.8837     0.9270    0.9048      1000
       politics    0.8933     0.8870    0.8901      1000
         sports    0.9642     0.9420    0.9530      1000
           game    0.9369     0.9060    0.9212      1000
  entertainment    0.9033     0.9440    0.9232      1000

       accuracy                         0.9099     10000
      macro avg    0.9102     0.9099    0.9099     10000
   weighted avg    0.9102     0.9099    0.9099     10000
```

图 10.9　textCNN 实验结果

10.4　本章小结

本章我们介绍的 textCNN 是一个应用了 CNN 网络的文本分类模型。

（1）textCNN 的流程：先将文本分词做嵌入得到词向量，再将词向量经过一层卷积、一层最大池化，最后将输出外接 softmax 函数来分类。

（2）textCNN 的优势：模型简单，训练速度快，效果不错。

（3）textCNN 的缺点：模型可解释型不强，在调优模型的时候，很难根据训练的结果去针对性的调整具体的特征。因为在 textCNN 中没有类似 GBDT（Gradient Boosting Decision Tree，梯度提升决策树）模型中特征重要度（fcature importance）的概念，所以很难评估每个特征的重要度。

随着互联网在社会中的大规模应用，网络上的信息资源正在以指数级爆炸式增长，Web 已经成为一个规模十分庞大的信息资源库。在各种形式的信息中，非结构化的文本信息仍然是十分重要的信息资源之一。在海量的文本信息中，获取有效的信息资源是信息处理的基础。而文本分类能更好地帮助人们组织、管理好海量的文本信息，快速、准确地获取所需信息，实现个性化。文本分类在众多领域中均有应用，常见的应用包括邮件分类、网页分类、文本索引、自动文摘、信息检索、信息推送、数字图书馆以及学习系统等。因此，学习了解文本分类是十分重要的。

第 **11** 章
实战：使用 PyTorch 搭建卷积神经网络进行音频转化

11.1　数据集准备

在本章的实战中，我们将会使用 PyTorch 将音频文件转换为对应的 MIDI(Musical Instrument Digital Interface，音乐设备数字接口) 文件。我们使用了 200 首完整歌曲的 MP3 文件和对应的 MIDI 文件作为数据集。MP3 文件数据集作为输入数据，将会被读取并处理，而 MIDI 文件作为音频文件处理后的输出文件，将与原有对应 MIDI 文件进行比对，确定输出的准确性。数据量不大，但经过预处理后即可得到准确的结果。

11.2　数据预处理

在本节中主要介绍如何利用 PyTorch 处理我们需要的音频数据，我们将大段的完整音频数据分段，并使用常数 Q 变换（Constant Q Transform，CQT）将分段后的音频数据初步处理成为适合转换为 MIDI 文件的音频片段。

11.2.1　数据集读取

将音频文件合理分段后，需要将数据集中的音频片段加载到内存，我们使用 PyTorch 来加载相关的音频数据集。

首先，我们需要对数据集的根目录进行初始化。然后，逐级读取该根目录下所有的文件夹，直到遍历完所有的音频文件，并获取它们的音频数据和标签信息，并将其分别存放在 data 和 label 两个列表中。我们还设置了 getitem 和 len 这两个函数，二者分别用于获取某个音频对应的信息以及某个音频的长度。

通过以上几个步骤，我们就能够非常容易地让 PyTorch 来读取我们自己的数据。当然我们也可以根据不同的数据类型来调整代码，例如对于图像类型的数据而言，可以利用 PyTorch 的 transform 函数来对图像进行转化增强，从而提高训练的效果。接下来，我们通过一段代码展示如何定义 MyDataset 类，以实现数据集的读取。

```python
class MyDataset(Dataset):
    def __init__(self, root_dir):
        self.root_dir = root_dir
        file_list_label = os.listdir(self.root_dir)
        self.data = []
        self.label = []
        for index, i in enumerate(file_list_label):
            file_list_wav = os.listdir(self.root + '/' + i)
                for j in file_list_wav:
                    wav_sample_rate, wav_signal = wavfile.read(root + '/' + i + '/' + j)
                    self.label.append(index)
                    self.data.append(wav_signal)

    def __getitem__(self, index):
        wav, target = self.data[index], self.label[index]
        return wav, target

    def __len__(self):
        return len(self.data)
```

11.2.2　音频文件分段

一个 MIDI 文件主要包含两部分：头块和轨道块。头块指明了 MIDI 格式、轨道数量、一个四分音符的 tick 数（tick 是 MIDI 中最小时间单位）。

如果对整段音频进行处理，输出空间将很大，所以我们将时间分段为秒来处理。我们将 MIDI 音轨分成长度为 1 秒的小段，然后对每一段做 CQT。为了补偿偏移，确保相应的音符存在对应的段中，我们将音频文件分割成比生成的 MIDI 对应的时间更长的段，例如音频的 0.25 ~ 1.25 秒对应 MIDI 的 0.5 ~ 1 秒的时间段。对于 MIDI 开头和结尾多余的时间段，我们用静音进行填充。

这里我们使用我们自己编写的 data_transforms 转换对数据进行预处理，在给音频文件分段的同时加重音频中的重音，方便后续处理。

我们将会对每段音频分别进行"预加重"，目的是尽量平衡高频分量和低频分量，同时对音频进行分帧处理，采用 Python 默认的 16 000Hz 的语音频率、25ms 的帧长和 11ms 的帧移。下文通过详细的 data_transforms 函数实现代码展示对导入的音频文件的处理。

```python
def data_transforms(signal):
    sample_rate = 16000
    pre_emphasis = 0.97
    emphasized_signal = np.append(signal[0],
                        signal[1:] - pre_emphasis * signal[:-1])
    frame_size, frame_stride = 0.025, 0.01 #帧长、帧移
    frame_length, frame_step = int(round(frame_size * sample_rate)),
                        int(round(frame_stride * sample_rate))
    signal_length = len(emphasized_signal)
    num_frames = int(np.ceil(np.abs(signal_length - frame_length)
```

```
                                    / frame_step)) + 1
        pad_signal_length = (num_frames - 1) * frame_step + frame_length
        z = np.zeros((pad_signal_length - signal_length))
        pad_signal = np.append(emphasized_signal, z)
        indices = np.arange(0, frame_length).reshape(1, -1)
                          + np.arange(0, num_frames
                          * frame_step, frame_step).reshape(-1, 1)
        frames = torch.tensor(pad_signal[indices]).unsqueeze(1).float()
    return frames
```

MIDI 消息的音高信息我们用 1 和 0 编码，一个音出现即为 1，没有则为 0，故输出空间大小可用以下表达式计算：

$$OutputSize = p \cdot n$$

其中，p 表示可能的音高种数，n 为时间离散后的帧数。由上述 MIDI 文件编码方式可知，MIDI 可以表示 128 种可能的音高，因为在训练和测试使用的数据集仅包含 21~117，共 87 个可能的音高，所以取 p 为 87。

时间离散的帧数 n 可以按照如下式子计算：

$$n = bps \times (1 / bpm \times b) \times t$$

其中 bps 为取样比特率，bpm 为每两次取样间的节拍数，b 为最短音符的拍数，t 为分割后一段 MIDI 的时间长度（以秒为单位）。

我们选择取样比特率 bps 为 3，每两次取样间的节拍数 bpm 为 4，最短音符拍数 b 为 1/16（十六分音符），MIDI 段时间长度 t 为 0.5 秒，故时间离散后的帧数为 6。

综上所述，输入 CNN 模型的是 87×173 的二维数组，输出的是 87×6 的数组。

经过对数据的处理，目前我们已经获得（87，173）的二维数组，其中 87 是频段，即音高，173 是声音的时间。

11.2.3 CQT

在数据处理中，我们需要进行时频变换。常用的傅里叶变换得到的音频谱是线性的，不符合人耳的听觉系统。因为在音乐中，相邻音高之间的频率值并不是等差数列的关系，而是等比数列的关系，所以我们需要对频率值取对数，用 CQT。

CQT 与傅立叶变换不同，它输出的频谱频率不是线性的，而是以 $\log_2$ 运算，并且可以根据谱线频率的不同该改变滤波窗长度。由于 CQT 与音阶频率的分布相同，所以通过计算音乐信号的 CQT 谱，可以直接得到音乐信号在各音符频率处的振幅值。

CQT 通过采用不同的窗口宽度，来获得不同的带宽，从而可以得到各个频率振幅。

使用 PyTorch 编写一个 CQT 方法类，书写该类时使用了 librosa 库文件中的 API，librosa 库的详细内容可以在其官网查看。

接下来的一段代码详细地阐述了在 PyTorch 中 CQT 的定义与使用方法。

```
Cqt_filter = librosa.constantq.__cqt_filter_fft
class UseCqt():
    def __init__(self, images, sr=22050, hop_length=512, fmin=None, n_bins=84,
                 bins_per_oct=12, offset=0.0, filter_size=1, norm=1,
                 sparsity=0.01, window='hann', len=True, pad='reflect'):
```

```
assert window == "hann"
assert len
if fmin is None:
fmin = 2 * 32.703195
if offset is None:
offset = 0.0
fft_base, nffts, _=Cqt_filter(sr, fmin, n_bins, bins_per_oct,
                              offset, filter_size, norm, sparsity,
                              hop_length=hop_length, window=window)
fft_base=np.abs(fft_base.astype(dtype=npdtype)).todense()
self.fft_base = torch.tensor(fft_base) #(n_freq, n_bins)
self.n_ffts = n_ffts
self.window = torch.hann_window(self.n_ffts)
self.hop = hop
self.len = len
self.pad = pad
self.npdtype = np.float32

def __call__(self, y):
    return self.forward(y)

def forward(self, y):
    D_torch = torch.stft(y, self.n_ffts,
    hop=self.hop, window=self.window).pow(2).sum(-1) #n_freq, time
    D_torch = torch.sqrt(D_torch + EPS) # EPS 的使用是为了注释掉 NAN 警告
    C_torch = torch.matmul(self.fft_base, D_torch) #n_bins, time
    C_torch /= torch.tensor(np.sqrt(self.n_ffts))
    return 20*torch.log11(C_torch)
```

11.3　模型构建

11.3.1　激活函数

CQT 后的结果十分"嘈杂"，需要通过卷积神经网络进一步处理。为了获得更好的识别效果，我们采用了较深的神经网络，每层 2～6 个卷积核，横向为音高，纵向为时间。由于较深的网络可能会导致较大的运算量和时间维度的增加，我们在一半的网络中设置卷积核的移动步长为 1。

相比于 sigmoid 激活函数和 tanh 激活函数，ReLU 激活函数的收敛速度更快，也就是说其梯度不会饱和，解决了梯度消失的问题；另外，该激活函数计算复杂度更低，不需要进行指数运算。考虑到当 sigmoid 作为激活函数时，收敛较为缓慢而且可能会出现梯度消失的情况，我们采用 ReLU 作为卷积层的激活函数。

但 ReLU 激活函数同时存在一定的缺陷，首先 ReLU 函数的输出不是以 0 为中心的，这就导致它在本案例中无法作为全连接层便捷输出结果的激活函数使用。其次，该函数存在神经元坏死现象，也就是说某些神经元可能永远不会被激活，导致相应参数不会被更新（在负数部分，梯度为 0）。产生这种现象有两个原因：参数初始化问题，学习率太高导致在训练过程中参数更新太大。对此，我们可以采用 Xavier 初始化方法，并且避免将学习率设置太大或使用 adagrad

等自动调节学习率的算法。同时，ReLU 不会对数据做幅度压缩，所以数据的幅度会随着模型层数的增加不断扩张。

11.3.2　模型分析

本案例模型基本结构包含约 1.5×10^6 个参数。关于神经网络的步长，我们发现，如果某层网络的卷积核高度大于 1，为了避免在其他频段中丢弃信息，则其步长必须为 1。同样地，如果在某层网络中使用 padding，要避免信息的冗余，需要丢失相应的信息。由于将所有的步长设为1 可能会带来较大的运算量，在第 4 层网络之后，我们将步长从 1 增加到 2，可以看到，输出在时间维度上迅速减小。

同时，为了减小运算量，我们选择了多层网络、较小卷积核的方式。因为我们认为更多的卷积核可以更好地处理谐波信息。在网络的构建中，我们逐渐增加了每层的卷积核数量。表 11.1展示了模型训练的参数和输出。

表 11.1　　　　　　　　　　　　　模型训练的参数和输出

神经网络层	参数	激活函数	输出
输入层			87×173
卷积层	$1 \times 2 \times 2$	ReLU	$87 \times 173 \times 2$
卷积层	$7 \times 1 \times 2$	ReLU	$87 \times 173 \times 2$
卷积层	$1 \times 2 \times 3$	ReLU	$87 \times 173 \times 3$
卷积层	$7 \times 1 \times 3$	ReLU	$87 \times 173 \times 3$
卷积层	$1 \times 2 \times 4$	ReLU	$87 \times 87 \times 4$
卷积层	$1 \times 2 \times 4$	ReLU	$87 \times 44 \times 4$
卷积层	$1 \times 2 \times 5$	ReLU	$87 \times 22 \times 5$
卷积层	$1 \times 2 \times 5$	ReLU	$87 \times 11 \times 5$
卷积层	$1 \times 2 \times 5$	ReLU	$87 \times 6 \times 5$
卷积层	$1 \times 2 \times 6$	ReLU	$87 \times 6 \times 6$
平整层			522
全连接层		sigmoid	522

11.3.3　ReLU 激活函数的定义和实现

我们首先定义一个 RNN 类，在这个类中实现卷积层。在__init__函数中首先是初始化构造函数，紧接着给出了 10 层卷积 conv1-conv5 对应的参数。由于卷积层数不多，而且每层卷积的参数不尽相同，所以笔者选择了将 10 层卷积分别列出。

定义好卷积层后，我们需要定义 forward 函数来规定输入如何在网络中向前传播。接下来是这段代码的具体实现。

```
class RNN(nn.Module):
    def __init__(self):
```

```
        super(RNN, self).__init__()
        self.conv1 = nn.Conv2d(1, 32, kernel_size=2, stride=1)
        self.bn1 = nn.BatchNorm2d(32)
        self.conv2 = nn.Conv2d(32, 32, kernel_size=2, stride=1)
        self.bn2 = nn.BatchNorm2d(32)
        self.conv3 = nn.Conv2d(32, 64, kernel_size=3, stride=1)
        self.bn3 = nn.BatchNorm2d(64)
        self.conv4 = nn.Conv2d(64, 64, kernel_size=3, stride=1)
        self.bn4 = nn.BatchNorm2d(64)
        self.conv5 = nn.Conv2d(64, 128, kernel_size=4, stride=(1,2))
        self.bn5 = nn.BatchNorm2d(128)
        self.conv6 = nn.Conv2d(128, 128, kernel_size=4, stride=(1,2))
        self.bn6 = nn.BatchNorm2d(128)
        self.conv7 = nn.Conv2d(128, 256, kernel_size=5, stride=(1,2))
        self.bn7 = nn.BatchNorm2d(256)
        self.conv8 = nn.Conv2d(256, 256, kernel_size=5, stride=(1,2))
        self.bn8 = nn.BatchNorm2d(256)
        self.conv9 = nn.Conv2d(256, 512, kernel_size=5, stride=(1,2))
        self.bn9 = nn.BatchNorm2d(512)
        self.conv11 = nn.Conv2d(512, 512, kernel_size=6, stride=(1,2))
        self.bn11 = nn.BatchNorm2d(512)

    def forward(self, x):
        x = F.ReLU(self.bn1(self.conv1(x)))
        x = F.ReLU(self.bn2(self.conv2(x)))
        x = F.ReLU(self.bn3(self.conv3(x)))
        x = F.ReLU(self.bn4(self.conv4(x)))
        x = F.ReLU(self.bn5(self.conv5(x)))
        x = F.ReLU(self.bn6(self.conv6(x)))
        x = F.ReLU(self.bn7(self.conv7(x)))
        x = F.ReLU(self.bn8(self.conv8(x)))
        x = F.ReLU(self.bn9(self.conv9(x)))
        x = F.ReLU(self.bn11(self.conv11(x)))
        return x
```

示例代码中使用的是 F.ReLU 的写法，nn.ReLU 和 F.ReLU 是有同样的计算效果的。但要注意 nn.ReLU 作为一个层结构，必须被添加到 nn.Module 容器中才能使用，而 F.ReLU 则作为一个函数调用，更方便、更简洁。具体使用哪种方式将取决于编程风格。在 PyTorch 中，nn.× 都有对应的函数版本 F.×，但是并不是所有的 F.× 均可以用于 forward 或其他代码段中。因为当网络模型训练完毕时，在存储 model 时，在 forward 中的 F.× 函数中的参数是无法保存的。也就是说，在 forward 中，使用的 F.× 函数一般均没有状态参数，比如 F.ReLU、F.avg_pool2d 等，均没有参数，它们可以用在任何代码片段中。

11.3.4　flatten 函数平整层处理

在卷积神经网络后，我们加入平整层和全连接层，并将全连接层的节点设置为 522 个，与 MIDI 输出的大小相同。在平整层中我们用到了 PyTorch 中的 Flatten 函数。下文的代码是本案例的函数平整层实现。

```
class Flatten(nn.Module):

    __constants__ = ['start_dim', 'end_dim']
```

```
    def __init__(self, start_dim=0, end_dim=1):
        super(Flatten, self).__init__()
        self.start_dim = start_dim
        self.end_dim = end_dim

    def forward(self, x):
        return x.flatten(self.start_dim, self.end_dim)
```

11.3.5 sigmoid 激活函数

因为本问题是多标签分类问题，sigmoid 可以确保输出总和为 1，并且结果可以解释为输入的类是对应标签的概率，因此在平整层中我们采用 sigmoid 作为激活函数。

```
class Sigmoid(nn.Module):

    def __init__(self):
        super(Sigmoid, self).__init__()

    def forward(self, x):
        return F.sigmoid(x)
```

11.4　模型训练与结果评估

经过 11.3 节的操作，我们已经成功构建了一个合理的卷积神经网络，在本节中我们来看一下如何使用定义好的网络，进行音频文件转换为 MIDI 文件的训练和转换结果的评估。

11.4.1 adam 优化器

考虑到 adam 函数作为优化器能够减少运算量，并且有较好的学习效果，因此采用 adam 作为优化函数。

PyTorch 中定义 adam 优化器的语句如下。

```
optimizer = Adam(cnn.parameters(), lr=3e-4)
```

初始化优化器后使用优化器进行梯度清 0 操作，然后计算损失函数，并用损失函数反向传播，最后根据损失函数的反向梯度对优化器进行参数更新。下文的代码展示了整个优化器操作过程中用到的语句，而损失函数将在后文给出。

```
optimizer.zero_grad()      #optimizer 梯度清 0
loss = lost_rmse(output, y_train)   #计算损失函数
loss.backward()            #用损失函数反向传播
optimizer.step()           #根据损失函数的反向梯度 optimizer 进行参数更新
```

11.4.2 学习率策略定义

在模型的训练中，我们一开始设置了较大的学习率，导致在训练过程中梯度爆炸，损失出现 NaN 的情况，因此我们后来将学习率设置为 0.0001。

接下来我们使用 PyTorch 定义学习率策略，注意定义学习率之前需要先定义优化器。可以看到下文的代码正是本案例学习率策略的相关语句。

```python
scheduler = torch.optim.lr_scheduler.ReduceLROnPlateau(optimizer,
            mode='min', factor=0.1, patience=11, verbose=True,
            threshold=0.0001, threshold_mode='rel', cooldown=0,
            min_lr=0, eps=1e-11)
            for i in range(args.EPOCHS):
                cnn.train()
                x_train, y_train, x_test, y_test = data.next_batch(args.BATCH)
                #读取数据
                x_train = torch.from_numpy(x_train)
                x_train = x_train.float().to(device)
                y_train = torch.from_numpy(y_train)
                y_train = y_train.long().to(device)
                x_test = torch.from_numpy(x_test)
                x_test = x_test.float().to(device)
                y_test = torch.from_numpy(y_test)
                y_test = y_test.long().to(device)
                output = cnn(x_train)
                _, prediction = torch.amx(output.data, 1)
                optimizer.zero_grad()
                loss = lost_rmse(output, y_train)
                loss.backward()
                optimizer.step()
                scheduler.step(loss)
                print(loss.detach())
                train_accuracy = eval(model, x_test, y_test)
                if train_accuracy >= best_accuracy:
                    best_accuracy = train_accuracy
                    model.save_model(cnn, MODEL_PATH, overwrite=True)
                    print("step %d, best accuracy %g" % (i, best_accuracy))
```

11.4.3　准确度验证

在这一小节中，我们选取均方根误差（Root Mean Squared Error，RMSE）、平均绝对误差（Mean Absolute Error，MAE）作为衡量神经网络性能的量化和比较的基准。

首先，我们使用 RMSE 函数来区分误差和异常并且充当损失函数。RMSE 函数的结果是对均方误差的代替。神经网络的学习结果证明 RMSE 的返回值比均方误差的返回值的准确度高。

```python
class lostRMSE(nn.Module):

def __init__(self):
    super(lostRMSE, self).__init__()
    self.mse = nn.MSELoss() #没有直接的 RMSE 函数，使用 MSE 损失函数修改成 RMSE 函数

def forward(self, output, y_train):
    return torch.sqrt(self.mse(output, y_train))
lost_rmse = lossRMSE()#封装损失函数
```

我们也可以使用 PyTorch 中含有的 MAE 函数来测量绝对误差。绝对误差无法成为一个损失函数，但是其返回值要更为直观，所以可以使用 MAE 函数细化误差并增大结果的准确度。

```
loss = nn.BCEWithLogitsLoss()
input = torch.randn(3,requires_grad=True)
target = torch.empty(3).random_(2)
output = loss(input, target)
```

表 11.2 展示了 RMSE 和 MAE 在本案例中的返回值。

表 11.2   RMSE 和 MAE 准确度验证

	RMSE	MAE
基准	0.2189	0.0479
最终模型验证	0.1363	0.0175
最终模型试验	0.1347	0.0361

11.4.4　训练

在神经网络的设计过程中，我们尝试了多种方法，最终认为拥有 11 层网络、卷积核大小主要为 1×2 和 7×1 的模型误差最小。

为了避免过拟合，在训练时我们逐渐增大每批训练的音频数量，同时使用批量归一化加速训练收敛。但是随着数量的增加，损失反而变大，可能是数量过大导致在迭代时权重更新的次数相对较少，从而导致 RMSE 偏大。根据实验发现，当每批训练的音频数量为 32 时，收敛结果较好，读者也可以自行尝试不同参数训练效果。表 11.3 展示了笔者使用不同参数的训练结果。

表 11.3   使用不同参数的训练结果

模型	每批训练数量	RMSE
6 层卷积网络，卷积核大小为 1×1	32	0.1381
8 层卷积网络，卷积核大小为 1×2	32	0.1369
11 层卷积网络，卷积核大小为 1×2 和 7×1	32	0.1363
11 层卷积网络，卷积核大小为 1×2 和 7×1	1124	0.1558
11 层卷积网络，卷积核大小为 1×2 和 7×1	512	0.1555
11 层卷积网络，卷积核大小为 1×2 和 7×1	256	0.1546

11.5　本章小结

通过本章的介绍，想必读者已经对如何使用 PyTorch 进行音频转换有了一个基本的认识。本章只是演示了利用 PyTorch 实现音频转换中较重要的部分代码，如果希望详细了解该框架，可以翻阅 PyTorch 官网上相关的文档。在实际的应用中，可能使用的不是这样一个标准的模型，会对激活函数、优化器、学习率和损失函数所包含的参数等进行一定的修改，但是它们依然基于本章中实现的各个模块以及它们之间的逻辑联系。本章的学习可以为以后更为复杂的应用奠定良好的基础。

第 12 章

实战：使用 PyTorch 实现
YOLOv3 的验证码识别

12.1　YOLOv3

12.1.1　YOLOv3 概述

YOLOv3 是 YOLO 算法发展到今天的改进与完善，而 YOLO，据说指 You Only Look Once，可以说是经过了相当程度的发展和社区环境迭代的，较为成熟可行，并有大量研究证明的有效方案。它使用了目标数据图像文件的整张图像，这使得数据的前期处理会更容易。通过提取图像的特征来预测每个检测目标的边界框，这一边界框代表检测目标所在的可能区域，同时这种选取的方式还可以预测图像中所有检测目标对象的所有边界框。如今，YOLOv3 与最初的 YOLO 系列算法相比，保持了 YOLOv2 阶段的不同分辨率适应等特性，在特征提取网络方面有相当大的改进（YOLOv3 的特征提取网络采用 Darknet-53 网络，这种网络兼顾了准确度和速度，是 Darknet-19 的改进。当然，目前看 Darknet 这个名称并非是什么缩写或者有任何功能性描述的指代，有些人猜测这是指其中部分黑盒式操作类似一个暗箱。但如果你登录 Darknet 的官网，你可能会赞同另一方面的猜想：这可能是一种和 "漆黑烈焰使" 类似的奇妙命名方式）。同时，它还在分类器网络上进行了改进，大量使用残差的跳层连接，并且为了降低池化带来的梯度负面效果，摒弃了池化，用卷积的 stride 来实现降采样。这使得 YOLOv3 模型在网络的分类和检测性能方面已经超越了 SSD（Single Shot MultiBox Detector）算法和以往的 YOLO 系列算法，并且还保持了较高的检测速度。

12.1.2　YOLOv3 与 PyTorch

YOLOv3 最开始提出时是作为一个目标检测算法，受到了广泛的关注，相关的原理说明和理论方法可以在很多博客中搜索到，而具体的实现模型训练方法，需要和具体的框架结合，这就催生出利用 PyTorch 实现的 YOLOv3。当然，这些框架在本质上仍然是 Darknet-53 的应用，在很多博客文章中，都可以看到一些相关的尝试，在这一方面，PyTorch 的轻便简单和 YOLO 的便携集成一拍即合，也就是本案例所用的框架。

12.1.3　YOLOv3 案例的意义

YOLOv3 的基本使用方法相当简便，虽然理解其原理需要一定的深度学习基础和数理前置知识，但大部分情况下，用户能掌握如何使用它，就能满足许多生产需要。当然，加深对代码和原理的理解才是真正学习知识的方法。在本案例中，采用了简单和直观的数据和应用方法，只需要不算多的数据量即可完成整个案例的效果复现。

12.2　目标检测案例：验证码中的简单文字识别

12.2.1　YOLOv3 的安装和文档

根据需求直接安装即可，建议使用 3.7 以上版本的 Python 和 1.5 以上版本的 Torch 库，在使用时注意自己的 GPU 调用是否符合实际设备情况，如 CUDA 的安装情况等。

```
$ pip install -U -r requirements.txt
```

值得一提的是，在安装环境时，有可能会发现自己已经安装了相关的库，但是版本有所差别，这时候可以直接打开 requirements.txt 文件，参照其中的库和相关的版本要求与自己的环境进行比对，自行取舍环境的安装与配置。例如 NumPy，在这个需求文件中指定的是 1.17 版本，但使用时可以根据自己的实际情况或参考相关的发行版来选择。

12.2.2　训练集的获取和数据标注

训练集的获取在实际应用中可根据自己的要求来确定，本案例使用部分来自极验验证码的中文图像作训练集，图像形式见图 12.1。其中有混淆的背景图片部分和有效的文字信息部分，我们需要检测出其中的文字位置和文字分类。实际上，YOLOv3 作为一种优秀、简单的目标检测网络，除了检测文字，更多时候它被用于检测实际照片的物品目标。本案例选取的验证码中文图像，则是具备分类唯一且明确、标注位置典型且简单的特点。

显然，可以看到图像中的目标文字，接下来则是利用数据标注的方式，将图像中的有效数据，即文字的位置和分类标注出来，和图像一起作为源数据。这里可以利用 LabelImg（名称为大驼峰命名，Label + Img）进行简单、有效的标注，如图 12.2 所示。利用边界框与分类标签确定图像中的有效目标对象，便于数据的输入、输出。这里需要注意的是，分类的类型要与 data/*.names 中的类名一致（*.names 为用户定义的分类目录文件，包含目标检测的全部类名）。

图 12.1　源数据示例

图 12.2　标注示例

标注导出的 XML 格式的标签文件中包含目标的路径和对象的位置、分类、大小等一系列相关的属性。但在本案例中，标签文本的输入比 YOLOv3 需求的数据输入要冗长，需要在这里进行一次格式转换，每个人习惯的转换方式各不相同，这也只是文本意义上的转换。如图 12.3 所示，将标注得到的 XML 标签文件中的有效位置信息和分类信息等提取出来，转为文本格式。

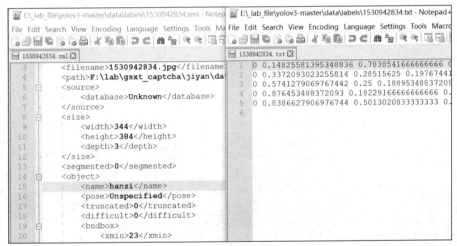

图 12.3　标注数据图

这里同样需要注意，在 data 文件中需要存储图像和标签文本名一致的目录文本文件与记录分类数量、分类类型、数据训练集路径的 data 文件，这些部分都会在 YOLOv3 的使用手册中有所体现，图 12.4 所示为一个 data 文件。如果只需要获得目标定位，在 classes 类元素的数目就可以

```
classes=1
train=data/jtrain.txt
valid=data/jvalid.txt
names=data/jtrain.names
backup=backup/
eval=jtrain
```

图 12.4　data 文件

设定为 1；train 字段代表训练集的目录路径，这个目录中包含训练集的具体标签与图像路径；valid 则代表测试集的路径；backup 表示模型备份的路径。例如，我们可以在每 100 轮的训练后备份一次模型，这有助于对比我们的多次训练是否能实际提升识别准确度，确保方向不会出错，与断点的思想类似。如果我们训练的轮次增多，却无法提升模型的实际性能，显然我们的思考方向或者参数选择就是有问题的，起码，是不够准确和不符合预期的。

完成上述步骤，即可初步得到训练所需的训练集。通常，为了验证训练所得到的模型的识别情况和方案的有效性，会选择划分标注好的结果源的数据集的 10%～20%作为测试集，去测试模型效果，得到各阶段备份模型的识别情况，再视识别情况进行下一步的数据处理。

12.2.3　模型训练

在训练前，要根据自己的设备环境调整相应的文件结构或类库调用结构，例如 Python 的包引入情况、是否需要绝对路径等，排查这些问题后可以有效减少运行出错。

模型的训练基于上述的数据源和路径准确的情况下，当运行 train.py 文件进行训练时，需要关注的是确认自己的设备与文件情况和调用情况是否相符合。例如用户在一个 4 显卡 GPU 的环境中调用第 7 张显卡，就会导致 GPU 运行错误，或是 CUDA 环境差异带来模型引入错误等。此时就需要参考运行指令中的一些参数定义情况，如图 12.5 所示。根据名称来翻译就可以简单判断该参数的含义，例如 epochs 是预设的训练轮数，batch-size 是批容量等。而在上文的案例中，需要强调的是定义 data 路径、图片大小、权重和类名等。同时，device 可以帮助用户特殊指定使用的设备 ID，避免一些不必要的错误。当然，YOLOv3 也提供了 CPU 训练的选项，但由于各种运行效率以及健壮性相关的问题，通常情况下不建议使用 CPU 来训练。

```
if __name__ == '__main__':
    parser = argparse.ArgumentParser()
    parser.add_argument('--epochs', type=int, default=300)  # 500200 batches at bs 16, 117263 COCO images ≈ 273 epochs
    parser.add_argument('--batch-size', type=int, default=16)  # effective bs = batch_size * accumulate = 16 * 4 = 64
    parser.add_argument('--cfg', type=str, default='cfg/yolov3-spp.cfg', help='*.cfg path')
    parser.add_argument('--data', type=str, default='data/coco2017.data', help='*.data path')
    parser.add_argument('--multi-scale', action='store_true', help='adjust (67%% - 150%%) img_size every 10 batches')
    parser.add_argument('--img-size', nargs='+', type=int, default=[320, 640], help='[min_train, max-train, test]')
    parser.add_argument('--rect', action='store_true', help='rectangular training')
    parser.add_argument('--resume', action='store_true', help='resume training from last.pt')
    parser.add_argument('--nosave', action='store_true', help='only save final checkpoint')
    parser.add_argument('--notest', action='store_true', help='only test final epoch')
    parser.add_argument('--evolve', action='store_true', help='evolve hyperparameters')
    parser.add_argument('--bucket', type=str, default='', help='gsutil bucket')
    parser.add_argument('--cache-images', action='store_true', help='cache images for faster training')
    parser.add_argument('--weights', type=str, default='weights/yolov3-spp-ultralytics.pt', help='initial weights path')
    parser.add_argument('--name', default='', help='renames results.txt to results_name.txt if supplied')
    parser.add_argument('--device', default='', help='device id (i.e. 0 or 0,1 or cpu)')
    parser.add_argument('--adam', action='store_true', help='use adam optimizer')
    parser.add_argument('--single-cls', action='store_true', help='train as single-class dataset')
    opt = parser.parse_args()
```

图 12.5　训练参数

训练过程中的参数等与其他深度学习框架类似，不在此赘述。在实际的训练过程中，loss 等输出的效果也很难一直观察。如果受限于环境设备情况和数据量大小等因素，训练的效率可能会比较低，这也是所有深度学习都要面对的一个训练速度和设备需求问题，需要花费相当长的一段连续的时间。此时，人为地去观察这些情况，有时候就不够完整和科学，这也就使得很多时候，我们还是会通过轮次备份模型的预览和测试去审查我们的训练效果。

12.2.4　模型的测试与预览

显然，可以在文件（本书提供的资源下载文件）的目录结构中看到，test.py 文件就是对训练所得的模型进行准确率和性能的测试脚本。但值得注意的是，在进行测试前，建议先通过

detect.py 文件进行预览；如果预览的情况与目标大相径庭，这次的测试行为必然是不可靠的。如图 12.6 所示，预览的效果就体现了前文描述的边界框。

图 12.6　预览的效果

此外，识别定位和分类过后，如何处理得到的数据呢？我们也可以参考 detect.py 文件的方式，无论是切割识别部分，还是再处理，detect.py 文件都提供了一系列的封装方法。

12.3　YOLO 的其他拓展

从最初的版本到 YOLOv3，YOLO 实际上经过了一定时间的社区生态的演变和改进，就现实而言，YOLO 和 YOLOv2 也在很多地方发挥作用。同样，如果关注这一方面的模型训练框架，会发现，利用 backbone 和各种新的包进行改进而生的更健壮的 YOLOv4 和仅仅 50 天就发布的处于研究阶段的 YOLOv5 也已经被提出和部分运用。那么也许会有人疑惑：既然已经有 YOLOv5 了，为什么还有一些项目用 YOLOv3？实际上，各个 YOLO 之间不仅是简单的代际关系。如果打开各个 YOLO，会发现它们的社区生态和框架都是互相改进的，比如 GitHub 上提出 YOLOv5 的发布者同样也是广泛使用的 PyTorch 版 YOLOv3 的发布者，他也尝试在该版 YOLOv3 中加入 YOLOv5 的改进，这也正是开源的好处之一。如果感兴趣，可以对其中每个版本进行了解并加以尝试使用。如果想更深层次地理解这方面的原理，可以尝试像网上许多博客那样，自己利用 PyTorch 实现 YOLOv3，不如动手试一试阅读得到的知识。

12.4　本章小结

本章主要讲述了目标检测案例——验证码中的简单文字识别，包括 YOLOv3 的安装和文档、训练集的获取和数据标注、模型训练、模型的测试与预览，以及 YOLO 的其他拓展。

第 **13** 章
实战：使用 **PyTorch** 实现基于预训练模型的文本情感分析

在本章我们提供一个简单的利用机器学习方法分析自然语言文本中情感倾向的案例，以实现常见的通过用户评价来得出对于商品的情感程度。读者也可以通过这个案例，掌握并使用当下最新的自然语言处理预训练模型，在工程中比较快速地实现一些自然语言处理任务。

13.1　模型介绍

13.1.1　预训练模型

预训练模型（pretrained model）是当下比较"火热"的一种自然语言处理模型，通过大量语料的输入和大量的算力提前给出的一个参数不随机的机器学习模型，通过在预训练模型中使用你所希望处理任务的目标预料对模型进行微调，就可以在多下游任务上取得非常良好的效果。

13.1.2　BERT

BERT 是 Google 公司在 2018 年发布的基于双向 Transformer 的大规模预训练语言模型。该预训练模型能高效地提取文本信息并应用于各种 NLP 任务，在发布时预训练模型刷新了 11 项 NLP 任务的当时的最优性能记录，在其发布后也延伸出多种以 BERT 为基础的改进预训练模型，成为 NLP 中的重要里程碑。

BERT 模型有多个规模，基础的 BERT-Base 的参数规模为 110M，BERT-Large 为 340M。在本节中，我们将使用 12 层的中文 BERT-Base 作为模型，会在效果和投入算力上取得较好的平衡，BERT 结构如图 8.16 所示。

13.2　情感分类介绍

13.2.1　文本情感分析

文本情感分析又称意见挖掘、倾向性分析等。简单而言，文本情感分析是对带有情感色彩的主观性文本进行分析、处理、归纳和推理的过程。互联网（如博客、论坛、大众点评）上产生了大量的用户参与的，对于诸如人物、事件、产品等有价值的评论信息。这些评论信息表达了人们的各种情感色彩和情感倾向性，如喜、怒、哀、乐、批评、赞扬等。基于此，潜在的用户就可以通过浏览这些具有主观色彩的评论，来了解大众对于某一事件或产品的看法。

在本节中，我们采用将中文 BERT 在提前标注好的中文情感分类文本上进行微调，使模型获得区分文本情感特征的能力，即可对输入的中文文本进行情感分类。

13.2.2　BERT 情感分析原理简析

BERT-base 使用了 12 层 Transformer 的结构，图 13.1 左侧为一个简单的 Transformer，其中每个 Transformer 由多层编码器和解码器组成，每个编码器由一个 Feed Forward 层（前向计算层）和一个 Self-Attention 层（自注意力层），如图 13.1 右侧所示。12 层 Transformer 结构双向连接，最够通过一个全连接层，使用 softmax 函数输出。训练时，将 softmax 函数后输出的值作为情感分类的评分，1 为正面，0 为负面，先通过计算输出与标注的情感类型的差值作为整个模型的 loss，然后通过机器学习中常见的梯度下降算法迭代训练，减小 loss，找到最优的情感分类任务模型参数。

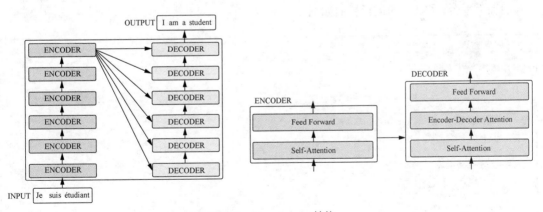

图 13.1　Transformer 结构

13.3　环境搭建

在本节中我们使用 "Conda+PyTorch+Huggingface-transformer" 的开源框架。请注意，由于

部分 Google 及其他公司的资源在国外，建议使用代理访问或通过查找国内镜像来解决连接缓慢问题。

13.3.1 环境选择

注意：由于常见的深度学习框架对于 Windows 环境的支持并不友好，强烈推荐在 Linux 环境下进行以下的实验。由于运行模型的微调对于显卡性能仍然有一定要求（尽管相较于预训练本身，任务量已经大幅减小），建议至少使用显存为 4GB 的英伟达显卡（目前的深度学习框架主要使用英伟达提供的 CUDA 来进行显卡控制，其他显卡的配套框架目前仍不够成熟）。显存越大，单次训练时可以容纳的文本量越多，能够显著提高训练速度。如果显存较小，需要适当缩小单词训练文本量，此外由于部分文本在预处理时可能对内存有一定要求，建议至少 16GB 内存为佳。本次实验的演示基于 Ubuntu 16.04 的服务器，显卡为 RTX2080（11GB 显存），读者可以通过对比算力大致预估训练时间。

目前有很多免费或者付费的深度学习平台供用户使用，大多提供 GTX1070 以上的算力；大部分商业平台都是使用专门的训练卡，能够提供相当可观的算力支持。在这里推荐两个免费的深度学习算力平台。

1. Google Colab

Google Colab（Colaboratory）是一个免费的 Jupyter Notebook 环境，不需要进行任何设置就可以使用，并且完全在云端运行。借助 Colab，我们可以编写和执行代码、保存和共享分析结果，以及利用强大的计算资源，所有这些都可通过浏览器免费使用。

Colab 是一个比较好用的平台，需要代理进行访问，不过需要注意，默认的配置不会保留，默认只提供 TensorFlow 环境，如果需要更多的功能，可能需要付费。不过 Colab 仍然是一个很推荐的练手平台，Colab 的运行界面如图 13.2 所示。

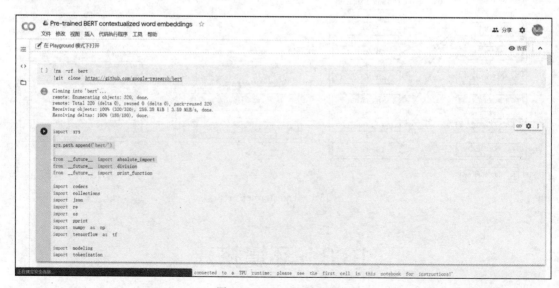

图 13.2 Colab 的实验环境

2．Kaggle Kernel

Kaggle 是一个世界范围内的数据科学与机器学习竞赛平台，其提供的 Kaggle Kernel 也是一个非常好的在线深度学习平台，提供免费的 Nvidia Tasla P100 算力。只要单次使用时间不超过 8 小时，就可以一直使用，对于很多用于练习的项目来说，这是足够的。同时它对于 PyTorch 的支持也比较良好，数据保存也很方便，支持 Jupyter 格式和一般命令行格式的运行，十分推荐读者使用。

3．专门的深度学习服务器

如果有长期研究自然语言处理的兴趣，想运行一些大型的项目，推荐使用专门的 Linux 深度学习服务器。这类服务器一般拥有多张显卡，特别是在一些支持 NVlink 的高端显卡上，可以实现更大的显存，训练更大的模型。无论是租用专门的服务器，还是加入一些科研机构或公司，都能够比较方便地获得相关算力资源。

4．本地算力

如果想初步尝试，那么使用本机的显卡进行入门也是可以的。不过需要注意，虚拟机环境一般是不方便调用显卡的，一些比较大型的项目可能在 Windows 环境下有一定兼容性。推荐装入一个 Linux 的双系统，能够比较好地调用显卡资源。根据使用经验，使用笔记本电脑端（GTX 1650）的训练时间，大致是 Kaggle 平台提供的 P100 的训练时间的 7 倍，仅供参考。

13.3.2　Conda 简介

Conda 是一个包，依赖和环境管理工具，适用于多种语言，如 Python、R、Scala、Java、Javascript、C/C++、FORTRAN 等。关于 Conda 的安装详见本书附录 A。

13.3.3　Huggingface–Transformer 简介

Transformer 是 GitHub 上的一个开源预训练模型框架，支持超过 32 个当下前沿的预训练模型，对 Pytorch 和 TensorFlow 都有良好的支持性，读者可以通过这个框架便捷地调用前沿的预训练模型。

13.3.4　Huggingface–Transformer 下载

由于开源代码修改较为频繁，建议使用 GitHub 源代码进行安装，以下为相关代码。

```
git clone https://github.com/huggingface/transformers
cd transformers
pip install
```

13.4　数据集获取

情感分类有很多的数据集可以使用，这里我们使用 NLP 测评中常用的 GLUE 任务中的情感分类任务 SST-2 进行测评。若需获得完整的 GLUE 数据集，可以通过 https://gist.github.com/

W4ngatang/60c2bdb54d156a41194446737ce03e2e 链接中的脚本进行处理，或使用以下脚本获得 SST-2 数据。

```
wget -c 'https://1drv.ms/f/s!ArKa_3uYHdkrgcxrTiyVnSMWhwxLUA'
#Onedrive 下载链接，可能需要代理
```

其中，train.tsv 是用来进行模型训练的，dev.tsv 是用来进行测试的，test.tsv 则是在需要调参时使用的。其部分数据如图 13.3 所示。

```
it 's a charming and often affecting journey .        1
unflinchingly bleak and desperate        0
allows us to hope that nolan is poised to embark a major career as a commercial yet inventive filmmaker .        1
the acting , costumes , music , cinematography and sound are all astounding given the production 's austere locales .        1
it 's slow -- very , very slow .  0
although laced with humor and a few fanciful touches , the film is a refreshingly serious look at young women .        1
a sometimes tedious film .        0
or doing last year 's taxes with your ex-wife .        0
you do n't have to know about music to appreciate the film 's easygoing blend of comedy and romance .        1
```

图 13.3　SST-2 数据集

标准情感数据集（the Stanford Sentiment Treebank，SST），是斯坦福大学发布的一个情感分析数据集，主要针对电影评论来进行情感分类，因此 SST 属于单个句子的文本分类任务（其中 SST-2 是二分类）。

13.5　模型微调

在之前下载的 Transformer 源码中，已经包含了处理 GLUE 任务的相关代码，方便用户可以快速复现。希望进一步学习调用内容的读者，也可以以这些代码为"蓝本"，进行学习。

```
cd ./transformer/examples
pip install -r ./examples/requirements.txt #这里已经将依赖打包，如果下载缓慢，可以去替换
为清华镜像
```

接下来使用 run_glue.py 脚本进行模型微调，以下为训练命令 Python 脚本。

```
import os
command='CUDA_VISIBLE_DEVICES=3 python run_glue.py '
       '--model_type bert '     #选择 BERT 模型，也可以查阅文档选择其他模型
       '--model_name_or_path bert-base-uncased '  #使用官方提供的 checkpoint，会自动
配置模型相关的文件
       '--task_name SST-2 '  #这里我们使用的是自带的 SST-2 任务的相关处理代码，如果要更换其
他任务，需要进行替换
       '--do_train '  #使用后会进行模型微调
       '--do_eval '   #试算 dev.tsv 的预测准确度
       '--do_lower_case '
       '--data_dir YOUR_PATH_TO_SST2 '    #替换成你的数据集位置
       '--max_seq_length 128 '
       '--per_gpu_train_batch_size 32 '   #控制单词训练 batch_size，越大占用显存越大
```

```
        '--learning_rate 2e-5 '   #学习率越小，收敛越慢，一般默认
        '--num_train_epochs 3.0 '   #epoch 次数，过少容易欠拟合或过多容易过拟合
        '--output_dir OUTPUT_DIR '  #你的模型输出位置
os.system(command)
```

如果需要处理新的数据集，可以参照 run_glue.py 修改代码，在 transformers/src/transformers /data/processors/glue.py 中增加以下代码，其中 processor 是用来修改新的数据集的。

同时在后面的代码中加入定义的类，保证代码可以正常运行。

```python
class MyProcessor(DataProcessor):
    '''''Processor for the sentiment classification data set'''

    def get_train_examples(self, data_dir):
        """See base class."""
        logger.info("LOOKING AT {}".format(os.path.join(data_dir, "train.tsv")))
        return self._create_examples(
            self._read_tsv(os.path.join(data_dir, "train.tsv")), "train")

    def get_dev_examples(self, data_dir):
        """See base class."""
        return self._create_examples(
            self._read_tsv(os.path.join(data_dir, "dev.tsv")), "dev")

    def get_labels(self):
        """See base class."""
        return ["-1", "1"]

    def _create_examples(self, lines, set_type):
        """Creates examples for the training and dev sets."""
        examples = []
        for (i, line) in enumerate(lines):
            if i == 0:
                continue
            guid = "%s-%s" % (set_type, i)
            text_a = line[0]
            label = line[1]
            examples.append(
                InputExample(guid=guid, text_a=text_a, text_b=None, label=label))
        return examples
```

还需要在底层的 compute_metrics 中定义好相关的方法。

```python
def compute_metrics(task_name, preds, labels):
    assert len(preds) == len(labels)
    if task_name == "cola":
        return {"mcc": matthews_corrcoef(labels, preds)}
    elif task_name == "sst-2":
        return {"acc": simple_accuracy(preds, labels)}
    elif task_name == "mrpc":
        return acc_and_f1(preds, labels)
    elif task_name == "sts-b":
        return pearson_and_spearman(preds, labels)
    elif task_name == "qqp":
        return acc_and_f1(preds, labels)
    elif task_name == "mnli":
        return {"acc": simple_accuracy(preds, labels)}
```

```
        elif task_name == "mnli-mm":
            return {"acc": simple_accuracy(preds, labels)}
        elif task_name == "qnli":
            return {"acc": simple_accuracy(preds, labels)}
        elif task_name == "rte":
            return {"acc": simple_accuracy(preds, labels)}
        elif task_name == "wnli":
            return {"acc": simple_accuracy(preds, labels)}
        elif task_name == "my":
            return acc_and_f1(preds, labels)
        else:
            raise KeyError(task_name)

processors = {
    "cola": ColaProcessor,
    "mnli": MnliProcessor,
    "mnli-mm": MnliMismatchedProcessor,
    "mrpc": MrpcProcessor,
    "sst-2": Sst2Processor,
    "sts-b": StsbProcessor,
    "qqp": QqpProcessor,
    "qnli": QnliProcessor,
    "rte": RteProcessor,
    "wnli": WnliProcessor,
    "my": MyProcessor
}

output_modes = {
    "cola": "classification",
    "mnli": "classification",
    "mrpc": "classification",
    "sst-2": "classification",
    "sts-b": "regression",
    "qqp": "classification",
    "qnli": "classification",
    "rte": "classification",
    "wnli": "classification",
    "my": "classification"
}
```

以上经过修改的代码在重新安装 Transformer 后即可生效。

```
cd transformers
pip install
```

13.6　效果测评

在上述脚本提供的默认状况下，bert-base-uncased 模型可以在 BERT 上达到约 0.9197（见图 13.4）的分类成功率，超越了一众传统的语言模型，具有非常高的应用价值。同时其采用的预训练加微调的模式降低了应用模型的难度，能够在很多任务上起到良好效果。

```
"layer_norm_eps": 1e-12,
"length_penalty": 1.0,
"max_length": 20,
"max_position_embeddings": 512,
"model_type": "bert",
"num_attention_heads": 12,
"num_beams": 1,
"num_hidden_layers": 12,
"num_labels": 2,
"num_return_sequences": 1,
"output_attentions": false,
"output_hidden_states": false,
"output_past": true,
"pad_token_id": 0,
"pruned_heads": {},
"repetition_penalty": 1.0,
"temperature": 1.0,
"top_k": 50,
"top_p": 1.0,
"torchscript": false,
"type_vocab_size": 2,
"use_bfloat16": false,
"vocab_size": 30522
}

04/19/2020 18:46:01 - INFO - transformers.modeling_utils -   loading weights fil
04/19/2020 18:46:04 - INFO - __main__ -   Loading features from cached file /dat
2
04/19/2020 18:46:04 - INFO - __main__ -   ***** Running evaluation  *****
04/19/2020 18:46:04 - INFO - __main__ -     Num examples = 872
04/19/2020 18:46:04 - INFO - __main__ -     Batch size = 64
Evaluating: 100%|
04/19/2020 18:46:10 - INFO - __main__ -   ***** Eval results  *****
04/19/2020 18:46:10 - INFO - __main__ -     acc = 0.9197247706422018
```

图 13.4　模型测试结果

13.7　本章小结

本章中我们介绍了使用 PyTorch 和 Conda 环境，通过使用 Google 公司的 BERT 模型，进行情感分类任务，通过数据处理、模型编写、模型微调就可以获得对文本情感进行分类的预训练语言模型，继而实现文本的情感分类。通过以上案例，读者可以进一步了解自然语言处理相关技术。

第 *14* 章
实战：用 PyTorch 进行视频处理

目前短视频已经成为重要的信息传播媒介，与此同时大量针对版权长视频的侵权行为也出现了，因此我们希望能够利用 PyTorch 编写模型，通过自动化方式进行针对短视频的侵权行为的检测，即检测某个短视频是否为某个长视频的片段。

14.1　数据准备

我们在本章中准备采用 CCF（China Computer Federation，中国计算机学会）大数据与计算智能大赛的视频版权检测算法开源数据集。其训练数据集分为 3 个部分。其中，query 文件夹中包 3000 个视频，是 MP4 格式的侵权视频训练集；refer 文件夹中包含 200 个版权长视频；而 train.csv 文件中记录了侵权短视频和版权长视频的对应关系和具体匹配时间段。读者可以从图 14.1 所示的页面中下载得到这个数据集。

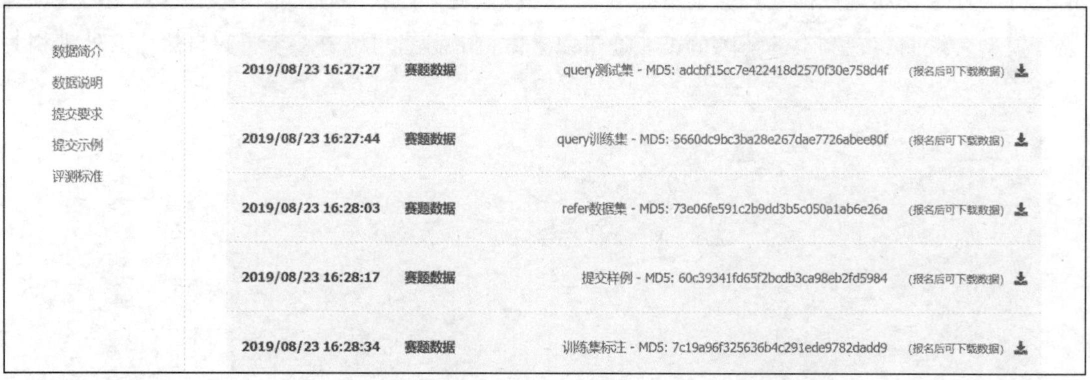

数据简介				
数据说明	2019/08/23 16:27:27	赛题数据	query测试集 - MD5: adcbf15cc7e422418d2570f30e758d4f	(报名后可下载数据)
提交要求				
提交示例	2019/08/23 16:27:44	赛题数据	query训练集 - MD5: 5660dc9bc3ba28e267dae7726abee80f	(报名后可下载数据)
评测标准				
	2019/08/23 16:28:03	赛题数据	refer数据集 - MD5: 73e06fe591c2b9dd3b5c050a1ab6e26a	(报名后可下载数据)
	2019/08/23 16:28:17	赛题数据	提交样例 - MD5: 60c39341fd65f2bcdb3ca98eb2fd5984	(报名后可下载数据)
	2019/08/23 16:28:34	赛题数据	训练集标注 - MD5: 7c19a96f325636b4c291ede9782dadd9	(报名后可下载数据)

图 14.1　CCF 数据与智能大赛视频版权检测算法开源数据集

数据分为两部分，一部分是版权长视频，另一部分是侵权短视频。其中短视频变换包括但不限于插入模板（包括标题、商标、水印、小动画）、质量降低（包括模糊、丢帧、对比度、分辨率、比特率等）、四周剪裁（每边剪裁不超过 20%）、混剪（混杂不同的长视频片段）和其他的一些诸如画中画、gamma 变换、平移、镜像、背景虚化、帧速率变换等。

14.2　数据预处理

本节主要介绍在使用 ResNet-18 构建视频检测算法之前，利用 PyTorch 对数据进行一些基本的处理：数据集的读取和视频关键帧的提取。

14.2.1　数据集的读取

首先，我们需要将相关的训练数据集读入内存，然后定义 MyDataset 类，并且利用 torchvision 中的 transforms 包对图像输入进行预处理。MyDataset 类是 data.Dataset 这个 PyTorch 框架中的数据类的继承，我们需要重写以下的几个函数，其中尤其要注意的是 __getitem__ 方法可以返回预处理后的 tensor 格式的数据。读者可以通过下文的代码，了解如何定义 MyDataset 类实现数据集的读取。

```python
import torch
import torchvision.datasets as datasets
from torch.utils.data.dataset import Dataset


class MyDataset(Dataset):
    def __init__(self, img_path, transform = None):
        self.img_path = img_path
        self.img_label = np,zeros(len(img_path))
        if self.transform is not None:
            self.transform = transform
        else:
            self.transform = None

    def __getitem__(self, index):
        img = Image.open(self.img_path[index])
        if self.transform is not None:
            img = self.img_path[index]
        return img, self.img_path[index]

    def __len__(self):
        return len(self.img_path)
```

14.2.2　视频关键帧的提取

读取视频数集使后就需要提取视频的关键帧。相比于图像而言，视频的信息更加丰富，但是包含了很多冗余信息，所以首先我们需要将包含关键信息的帧提取出来，作为我们对比两个视频相似度的基础。

在这里我们使用了 FFmpeg 多媒体处理工具来进行关键帧的提取。FFmpeg 是一套可以用来记录、转换数字音频、视频，并能将其转化为流的开源计算机程序。它提供了录制、转换以及流化音频、视频的完整解决方案，包含了非常先进的音频、视频编解码库 libavcodec。虽然 FFmpeg

是在 Linux 平台下开发的软件，但它同样也可以在其他操作系统环境中编译运行，包括 Windows、macOS 等，实用性较高。

由于 FFmpeg 并不能在 PyTorch 或者 Python 编译器内直接运行，因此我们利用命令行来调用 FFmpeg 处理视频。首先我们将视频中的关键帧和关键帧对应的时间提取出来。在命令行执行结束之后，系统会自动生成两个文本文件，分别保存了关键帧在视频中的索引位置和时间。同时还会在目录下生成多个图片文件，分别为所有关键帧的图像，这些图像即为我们后续用于比较视频相似度的途径。接下来我们通过一段具体的代码展示如何对关键帧进行提取操作。

```python
PATH = '/home/wx/work/video_copy_detection/'
class KeyFrameExtractor():
    def get_videos(self, path):
        video_paths = glob.glob(path + '*.mp4')
        return video_paths
    def extract_keyframe(self, video_path, frame_path):
        video_id = video_path.split('/')[-1][:-4]
        if not os.path.exists(frame_path + video_id):
            os.mkdir(frame_path + video_id)
        #提取关键帧
        command = ['ffmpeg', '-i', video_path,
                    '-vf', '"select=eq(pict_type\,I)"',
                    '-vsync', 'vfr', '-qscale:v', '2',
                    '-f', 'image2',
                    frame_path + '{0}/{0}_%05d.jpg'.format(video_id)]
    os.system(' '.join(command))
    # 提取视频关键帧的时间
    command = ['ffprobe', '-i', video_path,
                '-v', 'quiet', '-select_streams',
                'v', '-show_entries',
                'frame=pkt_pts_time,pict_type|grep',
                '-B', '1', 'pict_type=I|grep pkt_pts_time', '>',
                frame_path + de'{0}/{0}.log'.format(video_id)]
        os.system(' '.join(command))
```

14.3　模型构建

在前文中，我们已经通过重载 Dataset 函数将数据集导入了内存，并利用 PyTorch 编写 FFmpeg 提取了视频关键帧。接下来我们就要构建模型以达到检测两段视频之间关联性的目的。我们需要按照以下思路来对数据集进行处理。

（1）提取视频中的关键帧。

（2）通过 ResNet 提取这些关键帧的特征。

（3）对特征进行正则化，防止过拟合。

（4）对数据集中所有的视频两两计算相似度矩阵。

（5）对于相似度 top-K 视频对，进行帧级匹配，进一步确认一方视频是否来源于另一方。

在本节中，作者将会具体说明如何实现构建 ResNet-18 模型提取关键帧的特征，并对特征进行 L2 正则化，防止过拟合。

14.3.1　ResNet-18 提取关键帧的特征

ResNet-18 是我们在这一项目中采用的网络架构的基础。相比于另一种常用的 ResNet 框架——ResNet-50，ResNet-18 从 conv1 到 conv5 只经过了 17 层卷积操作和一次全连接操作。而我们选择 ResNet-18 作为视频处理模型的主要原因是根据经验而言的，视频处理问题的特征提取不宜过细，并且实际上在本例中采用 ResNet-50 提取特征的效果会比 ResNet-18 差 10～20 个点。图 14.2 展示了一个 ResNet 的基本结构。

layer name	output size	18-layer	34-layer	50-layer	101-layer	152-layer
conv1	112×112	7×7, 64, stride 2				
conv2x	56×56	3×3 max pool, stride 2				
		$\begin{bmatrix} 3\times3, 64 \\ 3\times3, 64 \end{bmatrix}\times2$	$\begin{bmatrix} 3\times3, 64 \\ 3\times3, 64 \end{bmatrix}\times3$	$\begin{bmatrix} 1\times1, 64 \\ 3\times3, 64 \\ 1\times1, 256 \end{bmatrix}\times3$	$\begin{bmatrix} 1\times1, 64 \\ 3\times3, 64 \\ 1\times1, 256 \end{bmatrix}\times3$	$\begin{bmatrix} 1\times1, 64 \\ 3\times3, 64 \\ 1\times1, 256 \end{bmatrix}\times3$
conv3x	28×28	$\begin{bmatrix} 3\times3, 128 \\ 3\times3, 128 \end{bmatrix}\times2$	$\begin{bmatrix} 3\times3, 128 \\ 3\times3, 128 \end{bmatrix}\times4$	$\begin{bmatrix} 1\times1, 128 \\ 3\times3, 128 \\ 1\times1, 512 \end{bmatrix}\times4$	$\begin{bmatrix} 1\times1, 128 \\ 3\times3, 128 \\ 1\times1, 512 \end{bmatrix}\times4$	$\begin{bmatrix} 1\times1, 128 \\ 3\times3, 128 \\ 1\times1, 512 \end{bmatrix}\times8$
conv4x	14×14	$\begin{bmatrix} 3\times3, 256 \\ 3\times3, 256 \end{bmatrix}\times2$	$\begin{bmatrix} 3\times3, 256 \\ 3\times3, 256 \end{bmatrix}\times6$	$\begin{bmatrix} 1\times1, 256 \\ 3\times3, 256 \\ 1\times1, 1024 \end{bmatrix}\times6$	$\begin{bmatrix} 1\times1, 256 \\ 3\times3, 256 \\ 1\times1, 1024 \end{bmatrix}\times23$	$\begin{bmatrix} 1\times1, 256 \\ 3\times3, 256 \\ 1\times1, 1024 \end{bmatrix}\times36$
conv5x	7×7	$\begin{bmatrix} 3\times3, 512 \\ 3\times3, 512 \end{bmatrix}\times2$	$\begin{bmatrix} 3\times3, 512 \\ 3\times3, 512 \end{bmatrix}\times3$	$\begin{bmatrix} 1\times1, 512 \\ 3\times3, 512 \\ 1\times1, 2048 \end{bmatrix}\times3$	$\begin{bmatrix} 1\times1, 512 \\ 3\times3, 512 \\ 1\times1, 2048 \end{bmatrix}\times3$	$\begin{bmatrix} 1\times1, 512 \\ 3\times3, 512 \\ 1\times1, 2048 \end{bmatrix}\times3$
	1×1	average pool, 1000-d fc, softmax				
FLOPs		1.8×10^9	3.6×10^9	3.8×10^9	7.6×10^9	11.3×10^9

图 14.2　ResNet 结构

我们定义了一个名为 Img2Vec 的类。在这个类中我们首先进行初始化，对之前得到的帧图像进行了尺度统一和灰度归一化，也就是我们常说的图像标准化处理。这一步的目的是保证所有的图像分布都相似，也就是在训练的时候更容易收敛，这使训练的过程更快且结果更好。接下来我们使用一段代码展现如何构造 Img2Vec 类从而实现帧图片向向量的转变。

```
class Img2Vec():
def __init__(self, model='resnet-18',
            layer='default',layer_output_size=512):
    self.device = torch.device("cuda:0"if torch.cuda.is_available() else"cpu")
    self.layer_output_size = layer_output_size
    self.model_name = model
    self.model, self.extraction_layer = self._get_model_and_layer(model, layer)
    self.model = self.model.to(self.device)
    self.model.eval()
    self.transformer = transforms.Compose([
        transforms.Resize((224, 224)),
        transforms.ToTensor(),
        transforms.Normalize([0.485, 0.456, 0.406], [0.229, 0.224, 0.225])])
```

之后，我们将经过初始化处理的图像转换成向量。在 get_vec 函数中，我们使用嵌入将离散的图片转换为保留语义关系的连续低维向量。通过这一步操作，我们对视频片段中的一些关键特征进行抽取，这可以简化帧相似度的计算，从而让我们在后续的相似度比较中能够更快地训练我们的模型。

```python
def get_vec(self, path):
    if not isinstance(path, list):
        path = [path]
    data_loader=torch.utils.data.DataLoader(MyDataset(path,self.transformer),
batch_size = 40, shuffle = False, num_workers = 16)
    my_embedding = []
    def append_data(module, input, output):
        my_embedding.append(output.clone().detach().cpu().numpy())
    with torch.no_grad():
        for batch_data in tqdm(data_loader):
            batch_x, batch_y = batch_data
            if torch.cuda.is_available():
                batch_x = Variable(batch_x, requires_grad = False).cuda()
            else:
                batch_x = Variable(batch_x, requires_grad = False)
            h = self.extraction_layer.register_forward_hook(append_data)
            h_x = self.model(batch_x)
            h.remove()
            del h_x
    return my_embedding[:, :, 0, 0]
```

在定义完 Img2Vec 类之后，我们就可以利用之前定义的 get_vec 函数，对前面抽取的关键帧分别进行特征提取。下文的代码展示了我们对于之前读入的测试数据集、训练数据集和关系数据集中的关键帧分别进行特征提取的操作，为之后的帧级别比较做准备。

```python
# 抽取 test_query 测试数据集关键帧特征
test_query_features = img2vec.get_vec(test_query_imgs_path[:])
# 抽取 train_query 训练数据集关键帧特征
train_query_features = img2vec.get_vec(train_query_imgs_path[:])
# 抽取 refer 关系数据集关键帧特征
refer_features = img2vec.get_vec(list(refer_imgs_path[:]))
```

14.3.2　L2 正则化关键帧特征

在抽取了帧图片中的信息后，笔者还对抽取出的关键信息进行了 L2 正则化。其含义就是在原来的损失函数的基础上加上权重参数的平方和，目的是增强整个模型的泛化能力，防止过拟合现象的发生。下一段代码是正则化数据的实现。

```python
# train_query 测试数据集 L2 正则化
train_query_features = normalize(train_query_features)
# test_query 训练数据集 L2 正则化
test_query_features = normalize(test_query_features)
# refer 关系数据集 L2 正则化
refer_features = normalize(refer_features)
```

14.3.3　视频相似度匹配

在提取到所有视频关键帧及其特征之后，我们就需要对所有视频两两计算得到相似度矩阵，并且对于相似度较高的视频进行进一步的帧级相似度匹配。为了更准确地匹配视频间的相似度，我们对 L2 正则化后的特征进行相似度匹配，也可以对其进行余弦距离比对进而得到帧匹配结果。

首先我们需要将之前整理的关键帧信息和特征信息读入内存，并且将关键帧按照视频时间进行排序，特征则按照类型进行归类。之后就可以利用我们编写的 cal_sims 函数来进行相似度匹配。cal_sims 函数主要用于计算两个视频中关键帧的特征向量之间的距离，二者的距离越远，则表示语义上、内容上的差异越大，为同一视频的概率就越小，因此我们就能定量地给出所有视频之间的相似度情况。接下来的代码就是 cal_sims 函数的具体实现方法。

```
def cal_sims(query_features, refer_features):
    sorted_sims = []
    unsorted_sims = []
    #计算待查询视频和所有视频的距离
    dist=np.nan_to_num(cdist(query_features, refer_features, metric='cosine'))
for i, v in enumerate(query_features):
    sim = 1 - dist[i]# 归一化，将距离转化成相似度
    unsorted_sims += [sim]#按照相似度的从大到小排列，输出 index
      sorted_sims += [[(s, sim[s]) for s in sim.argsort()[::-1]
if not np.isnan(sim[s])]]
return sorted_sims, unsorted_sims
```

计算出两组特征向量间的余弦距离也是帧匹配的一个办法，我们通过下文的 cal_dists 函数来实现。

```
def cal_dists(query_features, refer_features):
    sims = np.dot(query_features, refer_features.T)
    unsorted_dists = 1 - sims
idxs = np.argsort(unsorted_dists)
    rows = np.dot(np.arange(idxs.shape[0]).reshape((idxs.shape[0], 1)),
                  np.ones((1, idxs.shape[1]))).astype(int)
    sorted_dists = unsorted_dists[rows, idxs]
 return idxs, unsorted_dists, sorted_dists
```

笔者在 14.3.4 小节的帧级相似度匹配中使用了这里定义的 cal_dists 方法，当然，读者也可以选择使用 cal_sims 方法进行帧级相似度匹配。

14.3.4　帧级相似度匹配

接下来的 get_frame_alignment 方法就是我们在训练中用来匹配相似度的最终方法。在这个方法中，我们使用排序和特征余弦距离计算帧匹配的结果，利用相似度建立图，找最长路径，从而最终确认两个视频是否为同一来源。这里，笔者给出了完整的 get_frame_alignment 方法实现细节。

```
def get_frame_alignment(query_features, refer_features,
                        top_K=5, min_sim=0.80, max_step=10):
    node_pair2id = {}
    node_id2pair = {}
    node_id2pair[0] = (-1, -1) # source
```

```
node_pair2id[(-1, -1)] = 0
node_num = 1
DG = nx.DiGraph()
DG.add_node(0)
idxs, unsorted_dists, sorted_dists = cal_dists(query_features,
                                               refer_features)
for qf_idx in range(query_features.shape[0]):
    for i in range(top_K):
        rf_idx = idxs[qf_idx][i]
        sim = 1 - sorted_dists[qf_idx][i]
        if sim < min_sim:
            break
        node_id2pair[node_num] = (qf_idx, rf_idx)
        node_pair2id[(qf_idx, rf_idx)] = node_num
        DG.add_node(node_num)
        node_num += 1
node_id2pair[node_num] = (query_features.shape[0],
                          refer_features.shape[0])
node_pair2id[(query_features.shape[0],
                  refer_features.shape[0])] = node_num
DG.add_node(node_num)
node_num += 1
for i in range(0, node_num - 1):
    for j in range(i + 1, node_num - 1):
        pair_i = node_id2pair[i]
        pair_j = node_id2pair[j]
        if(pair_j[0] > pair_i[0] and pair_j[1] > pair_i[1]
            and pair_j[0] - pair_i[0] <= max_step
            and pair_j[1] - pair_i[1] <= max_step):
            qf_idx = pair_j[0]
            rf_idx = pair_j[1]
            DG.add_edge(i, j, weight=1 - unsorted_dists[qf_idx][rf_idx])
for i in range(0, node_num - 1):
    j = node_num - 1
    pair_i = node_id2pair[i]
    pair_j = node_id2pair[j]
    if(pair_j[0] > pair_i[0] and pair_j[1] > pair_i[1]
        and pair_j[0] - pair_i[0] <= max_step
        and pair_j[1] - pair_i[1] <= max_step):
        qf_idx = pair_j[0]
        rf_idx = pair_j[1]
        DG.add_edge(i, j, weight=0)
longest_path = dag_longest_path(DG)
if 0 in longest_path:
    longest_path.remove(0)
if node_num - 1 in longest_path:
    longest_path.remove(node_num - 1)
path_query = [node_id2pair[node_id][0] for node_id in longest_path]
path_refer = [node_id2pair[node_id][1] for node_id in longest_path]
score = 0.0
for (qf_idx, rf_idx) in zip(path_query, path_refer):
    score += 1 - unsorted_dists[qf_idx][rf_idx]
return path_query, path_refer, score
```

在完成以上操作之后，我们就可以开始训练整个模型、调整相关的参数、验证模型的可靠性，并且得到最终的视频相似度检测结果了。

14.4　模型训练与结果评估

经过 14.3 节的操作我们已经成功定义了整个视频相似度检测的网络，在本节中我们来看一下如何使用定义好的网络进行训练。

14.4.1　训练函数的实现

方便起见，我们将与训练有关的操作组织成一个训练函数，这方便了我们多次训练以寻找最优解。在训练函数中，我们通过初筛和细筛两次筛选。其中初筛过程中使用前面讲解的视频相似度匹配，细筛过程中使用帧级相似度匹配进一步细化来确定视频相似度。接下来是训练函数 train 的实现细节，通过 q_ans 中的信息，我们可以看到筛选比对后视频相似度的匹配结果。

```python
def train():
    test_query_ans = {}for i, q_vid in enumerate(test_query_vids):
    q_feat = vid2features[q_vid]
    q_baseaddr = test_query_vid2baseaddr[q_vid]
    q_ans = []
    r_scores = []# 初筛
    for r_vid in refer_vids:
        r_feat = vid2features[r_vid]
        idxs, unsorted_dists, sorted_dists = cal_dists(q_feat, r_feat)
        score = np.sum(sorted_dists[:, 0])
        r_scores.append((score, r_vid))
    r_scores.sort(key = lambda x: x[0], reverse=False)
    top_K = 20# 细筛
    for k, (_, r_vid) in enumerate(r_scores):
        if(k >= top_K):
            break
        r_feat = vid2features[r_vid]
        r_baseaddr = refer_vid2baseaddr[r_vid]
        path_q, path_r, score = get_frame_alignment(q_feat, r_feat, top_K=3,
min_sim=0.85, max_step=10)
        if len(path_q) > 0:
            time_q = [int(test_query_fid2time[q_baseaddr + qf_id] * 1000)
                for qf_id in path_q]
            time_r = [int(refer_fid2time[r_baseaddr + rf_id] * 1000)
                for rf_id in path_r]
            q_ans.append((score, r_vid, time_q[0], time_q[-1],
                time_r[0], time_r[-1]))
q_ans.sort(key = lambda x: x[0], reverse=True)
test_query_ans[q_vid] = q_ans[0][1:]
print(q_ans[0])
```

14.4.2　训练结果提交

在接下来的步骤中，我们通过选择找出一个最简单的结果并提交。这一步在日常的工程中并不是必要的，但在类似的比赛中通常需要我们提交一个最优训练结果。

```
if i % 10 == 0:
    with open(PATH + 'var/test_query_ans_uni.pk', 'wb') as pk_file:
            pickle.dump(test_query_ans, pk_file)
    submit_df = pd.read_csv(TEST_PATH + 'submit_example2.csv')
for vid in test_query_vids:
    q_pred = test_query_ans[vid]
    time_q = str(q_pred[1]) + '|' + str(q_pred[2])
    time_r = str(q_pred[3]) + '|' + str(q_pred[4])
    submit_df.loc[submit_df['query_id'] == vid, ['query_time_range(ms)',
            'refer_id', 'refer_time_range(ms)']] = [time_q, q_pred[0], time_r]
    submit_df.to_csv(TEST_PATH + 'result2.csv', index = None, sep=',')
```

14.5　本章小结

通过本章的介绍，读者已经对如何使用 PyTorch 进行视频处理有了一个基本的认识。本章只是演示了利用 PyTorch 实现视频关键帧提取、关键帧特征提取和视频相似度分析的基本代码，并且使用了 ResNet-18 模型处理我们的数据。在实际的应用中，可能相同的模型在不同的环境下会得到不同的结果，这需要我们自己去对损失函数、网络结构、优化器所包含的参数等进行一定的调正和修改，找到最优的搭配，但是它们依然基于我们在本章中实现的各个模块以及它们之间的逻辑联系。我们并不要求读者能够对本章所给出的所有代码细节都有非常透彻的理解，但是读者掌握好本章相关的理论知识，了解不同的问题网络应该按照何种思路去搭建，对以后更为复杂的应用将会有很大的帮助。

第 **15** 章

实战：使用 **PyTorch** 在跨域数据集上进行图像分类

机器学习的思想是以数据为基础，通过训练使得模型能学习到数据中的知识，但如果想要模型表现出优良的性能，需要满足用于训练的数据和用于测试的数据符合独立同分布。本案例所提到的跨域就是指在训练数据集和测试数据集不符合独立同分布时完成图像分类任务，这属于迁移学习的研究范畴。

15.1　迁移学习

现有的监督学习需要大量标注数据才能有较好表现，而标注数据是枯燥且花费巨大的，加上机器学习基于独立同分布的假设，而训练数据集和实际应用场景接触到的数据往往存在分布差异。让某个领域或任务上学习到的知识或模式应用到不同但相关的领域或问题中，就是迁移学习研究的范畴。

其实从人类角度来说，迁移学习就是在举一反三。比如我们学会骑自行车，相应地学习骑摩托车就更简单了；类比到计算机科学中，就是将现有的模型算法稍加调整，即可应用于一个新的领域或功能并保持精确度。

领域是迁移学习中很重要的一个概念。从计算机视觉角度来说，造成不同领域的图片存在区别的原因可能是纹理差异，也可能是光照变化、采集的传感器性能不同等。15.1.2 小节中我们会以一些跨域数据集为例进行介绍。

迁移学习的研究实验与传统的机器学习不同。传统机器学习是在一个符合独立同分布的数据集上进行划分，将数据集分成训练集、验证集和测试集。训练集用来拟合模型参数；验证集是模型训练过程中单独留出的样本集，它可以用于调整模型的超参数和对模型的能力进行初步评估；测试集则是用来评估最终模型的泛化能力，但不能作为调参、选择特征等算法相关的选择的依据。以领域自适应问题为例，迁移学习的实验通常是以一个域的数据集作为源域训练集，然后把另一个域的数据集作为目标域测试集进行实验评估。

15.2　跨域数据集

　　Office-31 数据集是迁移学习中非常经典的跨域图片数据集，2010 年作为 Kate Saenko（凯特·桑科）等人发表的论文 *Adapting Visual Category Models to New Domains* 成果的一部分被公开，其主要拍摄对象是办公室用品。数据集被分为 3 个域，第 1 个域是亚马逊上下载的图片，第 2 个域是用网络摄像头（Webcam）拍摄得到的低分辨率图片，第 3 个域则是用高分辨率设备拍摄得到的高分辨率图片。这个数据集常常与 Caltech-256 数据集合并在一起使用。Caltech-256 数据集是通过谷歌搜索引擎下载的 256 类物体的图片，其中包括与 Office-31 重合的类别，因此它们可以组合起来构成一个包含 4 个域的数据集，用于计算机视觉领域的迁移学习研究。图 15.1 展示的是数据集的一些图片样本。

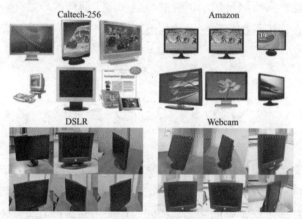

图 15.1　Office-Caltech 数据集示例

　　I2AWA2 数据集是 Junbao Zhuo（卓君宝）等人发表的论文 *Unsupervised Open Domain Recognition by Semantic Discrepancy Minimization* 中公开的跨域数据集，源域是通过 Google 搜索引擎获取的 40 类动物的图片，目标域是 AWA2 数据集的 50 类动物图片，也可以用于迁移学习的研究。图 15.2 所示的是 I2AWA2 数据集示例，第一行是来自源域的图片，第二行是来自目标域的图片，位于相同列对应的是同一类别。

图 15.2　I2AWA2 数据集示例

本案例是在跨域数据集上完成图像分类任务的。

15.3　ResNet–50

本案例将采用在 ImageNet1K 数据集上预训练过的 ResNet-50 网络，以原始图片作为输入，经过网络提取出特征向量，作为后续网络的输入完成分类任务，预训练的参数可以在 PyTorch 框架内用代码在线下载。

15.4　案例分析

15.4.1　数据预处理

在计算机视觉的任务中，当以原始图片作为输入时，常常会对其进行数据增强。这种方式可以增加训练样本的多样性，提高模型健壮性，避免过拟合。典型的数据增强的方法有翻转（flip）、旋转（rotate）、缩放（scale）、随机裁剪或补零（random crop or pad）、色彩抖动（color jittering）、加噪声（noise）等。

为什么数据增强可以提高模型鲁棒性呢？举个例子，我们想对两个品牌（A 和 B）的汽车做一个二分类任务，但是现有训练集中 A 品牌全部是向右朝向，而 B 品牌全部是向左朝向。我们的算法可能会寻找出最能区分二者的明显的特征——朝向，可这并不是我们所期望的。实际应用场景中的测试数据也不会是 A 品牌都朝右，B 品牌都朝左。这个时候数据增强中的水平翻转就变得有意义了。模型可以避开朝向这个无关特征；但同时我们也要考虑到实际的应用场景下，比如正常情况下车是不会倒置的，那我们是否需要做垂直翻转的变换。可换一个角度，如果是应用在车祸情况中又不一样了，这个时候车身可能是处于倒地状态的。

我们进行数据增强时有两种方式，一种是事先执行所有变换，实质上就是对原有数据集先进行扩充然后再作为训练的输入，称为线下增强，比较适合较小的数据集；另一种是将数据送入模型时进行小批量的转换，称为线上增强，比较适合大的数据集，PyTorch 的 transforms 函数就是基于该方法的。本案例所采用的就是线下增强的方式。

```
import numpyas np
from torchvisionimport transforms
import os
from PIL import Image, ImageOps
import numbers
import torch
```

```python
class ResizeImage():
    def __init__(self, size):
        if isinstance(size, int):
            self.size = (int(size), int(size))
        else:
            self.size = size

    def __call__(self, img):
        th, tw = self.size
        return img.resize((th, tw))


class PlaceCrop(object):
    """Crops the given PIL.Image at the particular index.
    Args:
        size (sequence or int): Desired output size of the crop. If size is an
            int instead of sequence like (w, h), a square crop (size, size) is
            made.
    """

    def __init__(self, size, start_x, start_y):
        if isinstance(size, int):
            self.size = (int(size), int(size))
        else:
            self.size = size
        self.start_x = start_x
        self.start_y = start_y

    def __call__(self, img):
        """
        Args:
            img (PIL.Image): Image to be cropped.
        Returns:
            PIL.Image: Cropped image.
        """
        th, tw = self.size
        return img.crop((self.start_x, self.start_y, self.start_x + tw, self.start_y + th))


class ForceFlip(object):
    """Horizontally flip the given PIL.Image randomly with a probability of 0.5."""

    def __call__(self, img):
        """
        Args:
            img (PIL.Image): Image to be flipped.
        Returns:
            PIL.Image: Randomly flipped image.
        """
        return img.transpose(Image.FLIP_LEFT_RIGHT)
```

```python
def image_train(resize_size=256, crop_size=224):
    normalize = transforms.Normalize(mean=[0.4155, 0.456, 0.406],
                                     std=[0.229, 0.224, 0.225])
    return transforms.Compose([
        # resize the input train images to a square limit by resize_size
        transforms.Resize((resize_size, resize_size)),
        # random crop the input train images to crop_size(already square)
        transforms.RandomCrop(crop_size),
        # flip the input train images with a probability 0.5
        transforms.RandomHorizontalFlip(),
        # transfer the image into a Tensor form
        transforms.ToTensor(),
        normalize
    ])


def image_test(resize_size=256, crop_size=224):
    normalize = transforms.Normalize(mean=[0.4155, 0.456, 0.406],
                                     std=[0.229, 0.224, 0.225])
    # ten crops for image when validation, input the data_transforms dictionary
    start_first = 0
    start_center = (resize_size - crop_size - 1) / 2
    start_last = resize_size - crop_size - 1

    return transforms.Compose([
        transforms.Resize((resize_size, resize_size)),
        PlaceCrop(crop_size, start_center, start_center),
        transforms.ToTensor(),
        normalize
    ])
```

代码中有一个归一化的操作，给出了 mean=[0.4155,0.456,0.406] 和 std=[0.229,0.224, 0.225]。这是因为本案例使用的 ResNet 模型是在 ImageNet-1k 数据集上预训练的，而 ImageNet-1k 数据集的图片 RGB 模式下的均值（mean）和标准差（std）恰为这里设置的数值。

15.4.2　读取数据

本案例采用 PIL 读取数据集中的图片，PyTorch 框架下需要构建一个 Dataset 的类，这个类实现__getitem__方法和__len__方法。对数据集，我们生成一个索引文本文件。索引文件中每一行给出图片路径和标签，利用索引文件生成 Dataset 类的对象，如图 15.3 所示。作为构造 DataLoader 类的参数，这个 loader 对象是可迭代的，我们就能从中一个一个地提取 mini-batch 形式的数据了。

```
3D2_CLASSES.txt - 记事本
文件(F) 编辑(E) 格式(O) 查看(V) 帮助(H)
E:\Datasets\I2AWA2\3D2\chihuahua\24.png 3
E:\Datasets\I2AWA2\3D2\chihuahua\25.jpg 3
E:\Datasets\I2AWA2\3D2\chihuahua\27.jpg 3
E:\Datasets\I2AWA2\3D2\chihuahua\28.jpg 3
E:\Datasets\I2AWA2\3D2\chihuahua\3.jpg 3
E:\Datasets\I2AWA2\3D2\chihuahua\30.jpg 3
E:\Datasets\I2AWA2\3D2\chihuahua\32.png 3
E:\Datasets\I2AWA2\3D2\chihuahua\34.jpg 3
E:\Datasets\I2AWA2\3D2\chihuahua\35.jpg 3
E:\Datasets\I2AWA2\3D2\chihuahua\4.jpg 3
E:\Datasets\I2AWA2\3D2\chihuahua\5.jpg 3
E:\Datasets\I2AWA2\3D2\chihuahua\6.jpg 3
E:\Datasets\I2AWA2\3D2\chihuahua\7.jpg 3
E:\Datasets\I2AWA2\3D2\chihuahua\9.jpg 3
E:\Datasets\I2AWA2\3D2\chimpanzee\0.jpg 4
E:\Datasets\I2AWA2\3D2\chimpanzee\1.jpg 4
E:\Datasets\I2AWA2\3D2\chimpanzee\10.jpg 4
E:\Datasets\I2AWA2\3D2\chimpanzee\100.jpg 4
E:\Datasets\I2AWA2\3D2\chimpanzee\101.jpg 4
E:\Datasets\I2AWA2\3D2\chimpanzee\102.jpg 4
E:\Datasets\I2AWA2\3D2\chimpanzee\104.jpg 4
E:\Datasets\I2AWA2\3D2\chimpanzee\105.jpg 4
E:\Datasets\I2AWA2\3D2\chimpanzee\106.jpg 4
E:\Datasets\I2AWA2\3D2\chimpanzee\107.jpg 4
E:\Datasets\I2AWA2\3D2\chimpanzee\108.gif 4
E:\Datasets\I2AWA2\3D2\chimpanzee\109.jpg 4
```

图 15.3 数据集索引文本文件示例

```
#from __future__ import print_function, division

import torch
import numpyas np
from sklearn.preprocessing import StandardScaler
import random
from PIL import Image
from PIL import ImageFile
ImageFile.LOAD_TRUNCATED_IMAGES = True
import torch.utils.data as data
import os
import os.path
import time

def make_dataset(image_list, labels):
      images = [(val.split()[0], int(val.split()[1]))for val in image_list]
    return images


def pil_loader(path):
    # open path as file to avoid ResourceWarning
    with open(path, 'rb') as f:
        with Image.open(f) as img:
            return img.convert('RGB')


def default_loader(path):
    #from torchvision import get_image_backend
```

```
#if get_image_backend() == 'accimage':
#    return accimage_loader(path)
#else:
    return pil_loader(path)


class ImageList(object):

    def __init__(self, image_list, shape=None,labels=None, transform=None, target_
transform=None, loader=default_loader):
        imgs = make_dataset(image_list, labels)

        self.imgs = imgs
        self.transform = transform
        self.target_transform = target_transform
        self.loader = loader
        self.shape = shape#hassassin
    def __getitem__(self, index):
        """
        Args:
            index (int): Index
        Returns:
            tuple: (image, target) where target is class_index of the target class.
        """
        path, target = self.imgs[index]
        img = self.loader(path)
        if self.transform is not None:
            img = self.transform(img)
        return img, target

    def __len__(self):
        return len(self.imgs)
```

 数据集是很大的，一张 RGB 图片读入之后得到的将会是一个 W×H×C 大小的矩阵，其中 W 代表宽度，H 代表高度，C 代表通道数（R、G、B 的通道数为 3，即红、绿、蓝）。我们构造 Dataset 对象时不需要把所有的图片都读入内存中，只需要存入图片的路径，然后在需要输入某一张图片时再加载到内存。

15.4.3　训练

训练思路是每次迭代读入一个 mini-batch 的图片，都先通过 ResNet-50 网络提取出 AvgPooling 层得到 20415-dim 的特征，再通过一个全连接层映射到目标的 50 维，并通过 softmax 激活函数得到一个 50 维的向量。向量的每一维度代表模型预测当前样本属于这一标签的概率，与真实的训练标签计算交叉熵损失，反向传播优化模型。

在本案例中，优化器为 SGD。优化器的选择就是我们在调整反向传播中更新参数的方式，常用的有 SGD、Adam、AdaGrad 等。在 PyTorch 框架下的 SGD 还有动量参数的设置，不仅使用当前步骤的梯度来指导搜索，而是累积过去步骤的梯度以确定要去的方向。但总体而言，他们都是以损失函数相对模型参数的梯度为信息来更新参数，从而更好地拟合模型，使得损失函数计算得到的值变小。

本案例只是在迁移学习的跨域数据集上做了一个基础的图像分类任务。如果想要更好地迁移，还需要添加很多机制，比如训练时同时输入源域和目标域的数据，将特征映射到一个共同的希尔伯特空间，度量二者之间的最大均值距离，并以此作为限制条件。而且迁移学习包含各种各样的任务，也有不同的前提假设，究竟是没有目标域标签化数据的无监督问题，还是有目标域标签化数据的监督问题，抑或是其他条件的不同，都有不同的讨论和处理方式，感兴趣的读者可以查询资料深入了解。

PyTorch 框架的使用方法非常简单、明了。构建完成 DataLoader 之后，按照设计的模型流程将数据输入得到输出，再根据输出计算损失，然后利用损失结果反向传播更新参数。

15.5　本章小结

本案例是在跨域数据集上实现的图像分类，整体基于 PyTorch 框架搭建，对深度学习入门有明晰的指导价值，并且能让读者接触到迁移学习的基本概念。本章的真正意义不是让读者简单了解这个案例，而是希望抛砖引玉，让读者找到切入点，从这里出发更深入地了解机器学习，感受人工智能的魅力。

第 16 章

实战：使用 PyTorch 实现基于 BERT 的自动新闻文本分类

自动新闻文本分类是指使用机器学习、自然语言处理等相关技术，实现文本分类的自动化，以提升整个工作过程的效率。自动新闻文本分类模型能够帮助实现高效的新闻分类，帮助开发者对海量新闻进行分类，这样不仅减轻了开发者的负担，还可以帮助用户有选择性地阅读新闻，提升用户体验。

16.1　文本分类概述

文本分类问题是自然语言处理领域的经典问题之一。研究者最早使用专家规则（pattern）的方法进行分类，但该方法需要大量的人工定义专家规则，费时费力，并且覆盖范围和准确率不佳。在 20 世纪 90 年代，随着互联网在线文本数量的飞速增长，推动了机器学习学科的兴起，形成了人工特征工程和浅层分类建模流程等文本分类方法。传统的分类方法主要面临的问题在于文本表示高维且稀疏，特征表达能力弱，此外需要大量的人工进行特征工程构造，成本很高。随着深度学习在图像和语音领域取得了巨大的成功，自然语言处理领域技术也得到了快速发展。研究者将深度学习模型运用在文本分类任务上，也取得了不错的效果。

下面将介绍几种经典的文本分类模型。

1. FastText（快速文本）

FastText 在 Word2Vec 的基础上加入 n-gram 的思想，FastText 模型结构如图 16.1 所示。传统的 Word2Vec 单纯地把词袋向量化，例如对于句子"四川发生地震"，将会把"四川""发生""地震"三个词进行向量化。加入 n-gram 思想后（以 2-gram 为例），则还会加入"四川-发生""发生-地震"对应的向量，这样能够更加准确地表达语句的意思。将向量化的句子输入模型，求和再平均得到一个新的向量，最终将这个向量输入到输出层进行分类。

2. textCNN（文本卷积神经网络）

CNN（卷积神经网络）思想来源于图像领域，textCNN 模型结构如图 16.2 所示。模型将句子矩阵中的词向量数值类比为图像中的像素点，经过卷积层处理输出到池化层，然后经过全连接层和 softmax 层将输出转化为每个分类对应的概率，最终选择概率最高的一项作为文本的类别。

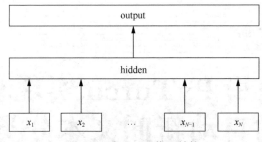

图 16.1　FastText 模型结构

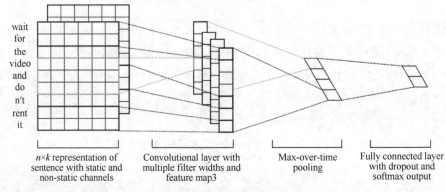

图 16.2　textCNN 模型结构

3. textRNN（文本循环神经网络）

利用 CNN 进行文本分类，本质上是利用卷积核寻找 n-gram 特征。RNN 则可以处理时间序列，即获取序列的时序信息，textRNN 模型结构如图 16.3 所示。模型通过前后时刻的输出链接保证了"记忆"的留存。但 RNN 循环机制过于简单，在梯度反向传播时出现了时间上的连乘操作，从而导致了梯度消失和梯度爆炸的问题。RNN 的变种 LSTM/GRU 在一定程度上减缓了梯度消失和梯度爆炸问题，因此现实使用中比 RNN 更多。

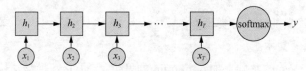

图 16.3　textRNN 模型结构

16.2　BERT 简介

本 模 型 是 以 BERT 为 基 础 构 造。BERT（Bidirectional Encoder Representations from Transformers）是一种预训练的语言表征，可用于完成各种 NLP 下游任务。Google 公司在

Transformer 发布之后，又在 2018 年 10 月发布了 BERT 语言表示模型。BERT 在 NLP 领域横扫了 11 项任务的最优结果，是 NLP 领域发展进程中的重要突破之一。它将 NLP 模型的建立分为了两个阶段：Pre-training（预训练）和 Fine-tuning（微调）。Pre-training 阶段的模型通过大量文本预料训练一个通用的模型，然后用该模型在特定的任务数据上 Fine-tuning 提升任务表现，可用于的下游任务包括文本分类、情感分析、翻译、问答等。

了解 BERT 之前，首先要了解 Transformer，Transformer 模型架构如图 8.9 所示。它与经典的 seq2seq（序列到序列）架构一样，都包含 3 个关键向量，分别是 Query 向量（Q）、Key 向量（K）和 Value 向量（V），模型通过计算 Q 和 K 的相似性来确定 V 的权重分布。Multi-Head Attention 相当于多个不同的 Self-Attention 的集成（ensemble）。Transformer 能够解决 LSTM 的长距离依赖问题，这是因为 Self-Attention 计算两个位置之间的关联所需的操作次数是与距离无关的，能够学习到当前位置和历史位置的关系。因此，Transformer 能够更好地获取句子特征。

BERT 是双向 Transformer 的编码器。模型的主要创新点集中在 Pre-train 方法上，即用了 Masked LM 和 Next Sentence Prediction 两种方法，分别捕捉词语和句子级别的表征。

Masked LM：在模型训练的过程中，对句子 15% 的 token 进行 mask（掩码，在句子中表现为一种[MASK]标签）。训练过程中，模型对 mask 位置的词语进行预测，而不是像 CBOW 一样对每个词语进行预测。由于 mask 是外部引入的人造标签，在实际场景中不会出现该标签，所以一直用该标记会影响模型。BERT 采用随机 mask 解决这个问题，即 10% 的单词会被替代成其他单词，10% 的单词不替换，剩下 80% 才被替换为 mask。

Next Sentence Prediction：为了让 BERT 能够在问答等序列到序列的任务中有更好的表现，增加了第二个"下一句预测"任务，让模型能够理解两个句子之间的关系。训练时将句子 A 和 B 一同输入模型中，模型预测 B 是不是 A 的下一句。

通过以上两种方式，BERT 能够捕捉到单词级别和句子级别的语言表征，使得模型能够胜任各种 NLP 任务。依照上述思路，Google 公司分别推出了英文和中文的预训练语言模型，帮助开发者完成各类任务。

类似的 ELMo、GPT 也是常用的预训练语言表征方法。图 16.4 所示为三者的区别。BERT 和 GPT 的主要区别是，GPT 在编码部分用了单向 Transformer，而 BERT 使用了双向 Transformer。BERT 和 Elmo 的主要区别是，BERT 采用 Transformer 获取序列特征，而 ELMo 采用双向 LSTM 获取序列特征。

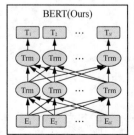
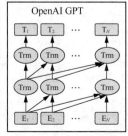
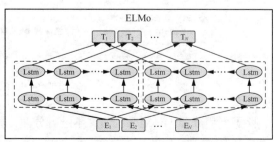

图 16.4　BERT、GPT、ELMo 对比

16.3　数据预处理

数据预处理是模型训练的重要环节之一，其关键步骤包括分词/分字、词表构造等。对于中文数据，常见的分词工具包括 jieba 分词工具和 LTP 分词工具。

jieba 中文（结巴分词）是一个常用中文分词组件，可以对中文文本进行分词、词性标注、关键词抽取等，并且支持自定义词典。它支持 4 种分词模式：一是精确模式，试图将句子最精确地切开，适合文本分析；二是全模式，把句子中所有的可以成词的词语都扫描出来，速度非常快，但是不能解决歧义；三是搜索引擎模式，在精确模式的基础上，对长词再次切分，提高召回率，适合用于搜索引擎分词；四是 paddle 模式，利用 PaddlePaddle 深度学习框架，训练序列标注（双向 GRU）网络模型实现分词。图 16.5 所示是一个简短的 jieba 公词示例。

```
Python 3.7.1 (default, Dec 14 2018, 19:28:38)
[GCC 7.3.0] :: Anaconda, Inc. on linux
Type "help", "copyright", "credits" or "license" for more information.
>>> import jieba
>>> segment = jieba.cut("他叫汤姆去拿外衣。", cut_all=False)
>>> " ".join(segment)
Building prefix dict from the default dictionary ...
Dumping model to file cache /tmp/jieba.cache
Loading model cost 0.846 seconds.
Prefix dict has been built successfully.
'他 叫 汤姆 去 拿 外衣 。'
```

图 16.5　jieba 分词示例

哈尔滨工业大学社会计算与信息检索研究中心研发的语言技术平台（Language Technology Plantform，LTP）也常用于分词任务中。LTP 提供了一系列中文自然语言处理工具，用户可以使用这些工具进行中文文本分词、词性标注、句法分析等工作。该工具的中文分词效果非常优越。使用 LTP 分词非常简单，图 16.6 所示为简短的 LTP 分词示例（使用 LTP 4.0 实现）。

```
Python 3.7.1 (default, Dec 14 2018, 19:28:38)
[GCC 7.3.0] :: Anaconda, Inc. on linux
Type "help", "copyright", "credits" or "license" for more information.
>>> from ltp import LTP
I0729 17:15:17.349208 140165398255424 file_utils.py:39] PyTorch version 1
.6.0 available.
>>> ltp = LTP()
>>> segment, _ = ltp.seg(["他叫汤姆去拿外衣。"])
>>> segment
[['他', '叫', '汤姆', '去', '拿', '外衣', '。']]
>>>
```

图 16.6　LTP 分词示例

除了使用分词工具对数据集文本进行分词，基于 BERT 的 Word-Piece 分词和中文分字，也是常见的数据预处理方式。

16.4　模型实现

数据预处理之后即可输入神经网络模型，对其进行训练。本章中的模型用 PyTorch 编写。模型 init 部分中声明的 BertModel 也就是主体模型，除此之外加入 dropout 层防止过拟合，全连接层 fc 和 softmax 层用于分类。Forward 函数中定义了数据流结构，它的输入是经过预处理的数据，输出是模型处理后的向量以及对应的 loss，本代码使用了 CrossEntropyLoss（基于交叉熵函数）的 loss 计算方法。具体代码如下所示。

```
class BertClassifer(BertPreTrainedModel):

    def __init__(self, config):
        super(BertClassifer, self).__init__(config)
        self.num_labels = config.num_labels  # 分类数

        self.bert = BertModel(config)  # 初始化 BERT 模型
        self.dropout = nn.Dropout(config.hidden_dropout_prob)  # 初始化 drop
        self.fc = nn.Linear(config.hidden_size, self.config.num_labels)  # 全连接层
        self.softmax = nn.Softmax()

        self.init_weights()  # 初始化参数

    def forward(self, input_ids=None, attention_mask=None, token_type_ids=None,
                position_ids=None, head_mask=None, inputs_embeds=None, labels=None):

        outputs = self.bert(input_ids, attention_mask=attention_mask,token_type_ids=
token_type_ids, position_ids=position_ids, head_mask=head_mask, inputs_embeds=
inputs_embeds)

        pooled_output = outputs[1]

        pooled_output = self.dropout(pooled_output)
        logits = self.fc(pooled_output)
        logits = self.softmax(logits)

        outputs = {"logits":logits}

        if labels is not None:
            loss_fct = CrossEntropyLoss()
            loss = loss_fct(logits.view(-1, self.num_labels), labels.view(-1))
            outputs["loss"] = loss
        return outputs
```

模型通过计算准确率和 loss 来判断可用性，实验输出示例如图 16.7 所示。随着迭代次数的增加，准确率逐渐提升，loss 逐渐降低，最终趋于稳定。

```
Epoch 0: acc:  67.71; ppl:  4.03;
Epoch 1: acc:  78.07; ppl:  2.86;
Epoch 2: acc:  70.24; ppl:  4.34;
Epoch 3: acc:  76.67; ppl:  3.22;
Epoch 4: acc:  72.81; ppl:  3.83;
Epoch 5: acc:  83.33; ppl:  2.38;
```

图 16.7　实验输出示例

16.5　本章小结

　　本章主要介绍了基于 BERT 的自动新闻文本分类。围绕这个任务，首先介绍了文本分类这一 NLP 关键任务的发展状况，回顾了传统的分类识别方法以及经典的模型。除此之外，本章介绍了前沿的 BERT 模型相关原理，并以此用 PyTorch 实现了一个简单的新闻文本分类器。

　　文本分类任务作为 NLP 领域的经典任务，笔者希望以此带领读者了解这一领域的经典任务、方法以及相关模型，给读者在学习和开发中提供更多的思路。

附录 A
PyTorch 环境搭建

A.1　Linux 平台下 PyTorch 环境搭建

这里以 Ubuntu 16.04 为例，简要讲述 PyTorch 在 Linux 操作系统下的安装过程。在 Linux 平台下，PyTorch 的安装总共需要 5 个步骤，所有步骤内的详细命令皆已列出，读者按照顺序输入命令即可完成安装。

1. 安装显卡驱动

如果需要安装 CUDA 版本的 PyTorch，电脑也有独立显卡，则需要更新 Ubuntu 独立显卡驱动。否则即使安装了 CUDA 版本的 PyTorch 也无法使用 GPU。

如图 A.1 所示，进入 NVIDIA 官网，查看适合本机显卡的驱动，下载 runfile 文件，例如 NVIDIA-Linux-x86_64-384.98.run。

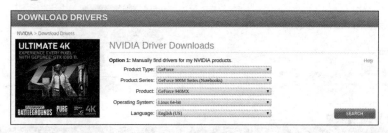

图 A.1　NVIDIA 官网

下载完成后，按 Ctrl+Alt+F1 组合键跳转到控制台，关闭当前图形环境，对应命令如下：
```
sudo service lightdm stop
```
卸载可能存在的旧版本 NVIDIA 驱动，对应命令如下：
```
sudo apt-get remove --purge nvidia
```
安装驱动可能需要的依赖，对应命令如下：
```
sudo apt-get update
sudo apt-get install dkms build-essential linux-headers-generic
```
把 nouveau 驱动加入黑名单并禁用 nouveau 内核模块，对应命令如下：
```
sudo nano /etc/modprobe.d/blacklist-nouveau.conf
```
在文件 blacklist-nouveau.conf 中加入如下内容，对应命令如下：

```
blacklist nouveau
options nouveau modeset=0
```

保存并退出，对应命令如下：

```
sudo update-initramfs -u
```

然后重启，对应命令如下：

```
reboot
```

重启后再次进入字符终端界面（按 Ctrl+Alt+F1 组合键即可），并关闭图形界面，对应命令如下：

```
sudo service lightdm stop
```

进入之前 NVIDIA 驱动文件下载目录，安装驱动，对应命令如下：

```
sudo chmod u+x NVIDIA-Linux-x86_64-384.98.run
sudo ./NVIDIA-Linux-x86_64-384.98.run -no-opengl-files
```

-no-opengl-files 表示只安装驱动文件，不安装 OpenGL 文件。这个参数不可忽略，否则会导致登录界面死循环。

最后重启图形环境，对应命令如下：

```
sudo service lightdm start
```

通过以下命令确认驱动是否正确安装，对应命令如下：

```
cat /proc/driver/nvidia/version
```

至此，NVIDIA 显卡驱动安装成功。

2. PyTorch 安装

进入 PyTorch 官网。如图 A.2 所示，根据 CUDA 和 Python 的版本以及平台系统等找到适合 PyTorch 的版本，之后会自动提示"Run this command"，将命令复制到命令行，进行安装。

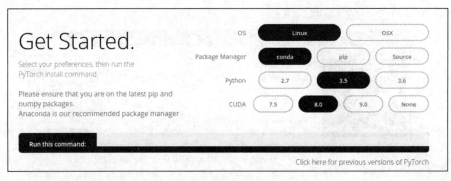

图 A.2　PyTorch 官网

3. 安装 torchvision

安装好 PyTorch 后，还需要安装 torchvision。torchvision 中主要集成了一些数据集、深度学习模型、转换等。在使用 PyTorch 的过程中，torchvision 是不可缺少的部分。

安装 torchvision 比较简单，可直接使用 pip 命令安装：

```
pip install torchvision
```

4. 更新 NumPy

成功安装 PyTorch 和 torchvision 后，打开 IPython，输入如下命令：

```
import torch
```

此时可能会出现报错的情况，报错信息如下所示：

```
ImportError:numpy.core.multiarray failed to import
```

这是因为 NumPy 的版本需要更新，直接使用 pip 更新 NumPy，对应命令如下：

```
pip install numpy
```

至此，PyTorch 安装成功。

5. 测试

输入图 A.3 所示的命令后，若无报错信息，说明 PyTorch 已经安装成功。输入图 A.4 所示的命令后，若返回为"True"，说明已经可以使用 GPU。

图 A.3   安装测试命令　　　　　　　图 A.4   使用 GPU 测试命令

A.2   Windows 平台下 PyTorch 环境搭建

从 2018 年 4 月起，PyTorch 官方开始发布 Windows 版本。在此简要讲解在 Window 10 操作系统下，安装 PyTorch 的步骤。鉴于已经在前文中讲述了显卡驱动在 Linux 操作系统下的配置过程，Windows 操作系统下的配置也基本相似，所以不再单独讲述显卡驱动在 Windows 操作系统下的配置过程。

PyTorch 在 Windows 操作系统上的安装主要有两种方法：通过官网安装、通过 Conda 安装（本机上需要预先安装 Anaconda/Python）。

1. 通过官网安装

如图 A.5 所示，进入 PyTorch 官网。

图 A.5   PyTorch 官网截图

如前文介绍的在 Linux 操作系统下安装一样，根据 CUDA 和 Python 的版本以及平台系统等找到适合 PyTorch 的版本，之后会自动提示 "Run this command"，将命令复制到命令行，进行安装。

2. 通过 Conda 安装

在 Windows 的命令行输入图 A.6 中的命令 conda install pytorch-cpu-c pytorch（请注意区分 CUDA 版本和 CPU/GPU 版本），等待一段时间，出现图 A.6 中的输出后，即完成了安装。

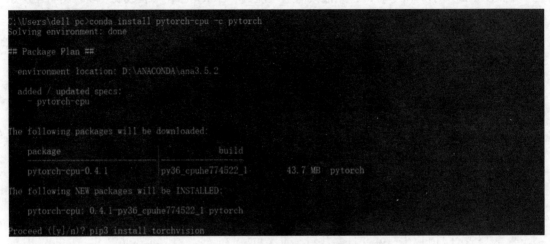

图 A.6　conda 安装命令行截图

安装完成后，同样需要安装 torchvision，具体方法在 Linux 部分中已经叙述过，不再重复讲解。

测试过程与 Linux 部分所用命令完全相同。

附录 B

深度学习的数学基础

B.1 线性代数

1. 标量、向量、矩阵和张量

标量：一个标量就是一个单独的数，只有大小，没有方向。当我们介绍标量时，会明确它们是哪种类型的数。比如，在定义实数标量时，我们可能会说"令 $s \in \mathbf{R}$ 表示一条线的斜率"；在定义自然数标量时，我们可能会说"令 $n \in \mathbf{N}$ 表示元素的数目"。

向量：向量是具有大小和方向的量，一个向量就是一列数，这些数是有序排列的。通过次序中的索引可以确定每个单独的数。与标量相似，我们也会注明存储在向量中的元素是什么类型的。如果每个元素都属于 $\mathbf{R}$，并且该向量有 n 个元素，那么该向量属于实数集 $\mathbf{R}$ 的 n 次笛卡儿乘积构成的集合，记为 $\mathbf{R}^n$。当需要明确表示向量中的元素时，我们会将元素排列成一个方括号包围的纵列：

$$x = \begin{bmatrix} x_1 \\ x_2 \\ \vdots \\ x_n \end{bmatrix}$$

向量可以被看作空间中的点，每个元素是不同坐标轴上的坐标。有时我们需要"索引"向量中的一些元素。在这种情况下，我们定义一个包含这些元素索引的集合，然后将该集合写在下角标处。比如，指定 x_1、x_3 和 x_6，我们定义集合 $S=\{1,3,6\}$，然后写作 x_S。我们用"–"表示集合的补集中的索引。比如 x_{-1} 表示 x 中除 x_1 外的所有元素；x_{-S} 表示 x 中除 x_1、x_3、x_6 外所有元素构成的向量。

矩阵：实际使用时，矩阵通常被视为一个二维数组，其中的每一个元素都能被两个索引所确定。我们通常会赋予矩阵黑斜体的大写变量名称，比如 A。如果一个实数矩阵行为 m、列为 n，那么我们说 $A \in \mathbf{R}^{m \times n}$。我们在表示矩阵中的元素时，通常以不加粗的斜体形式使用其名称，索引用逗号间隔。比如，$A_{1,1}$ 表示 A 左上的元素，$A_{m,n}$ 表示 A 右下的元素。我们通过用":"表示水平坐标，以表示垂直坐标 i 中的所有元素。比如，$A_{i,:}$ 表示 A 中垂直坐标 i 上的一横排元素。这也被称为 A 的第 i 行。同样地，$A_{:,i}$ 表示 A 的第 i 列。当我们需要明确表示矩阵中的元素时，我们将它们写在方括号中：

$$\begin{bmatrix} A_{1,1} & A_{1,2} \\ A_{2,1} & A_{2,2} \end{bmatrix}$$

有时我们需要矩阵值表达式的索引，而不是单个元素。在这种情况下，我们在表达式后面接下标，但不必将矩阵的变量名称小写化。比如，$f(A)_{i,j}$ 表示函数 f 作用在 A 上输出的矩阵的第 i 行第 j 列元素。

张量：在某些情况下，我们会讨论超过两维的数组。一般地，一个数组中的元素分布在若干维坐标的规则网格中，我们称之为张量。我们使用 A 来表示张量。张量 A 中坐标为 (i,j,k) 的元素记作 $A_{i,j,k}$。

转置（transpose）是矩阵的重要操作之一。矩阵的转置是以对角线为轴的镜像，这条从左上角到右下角的对角线被称为主对角线（main diagonal）。我们将矩阵 A 的转置表示为 A^{T}，定义如下：

$$A_{i,j}^{\mathrm{T}} = A_{j,i}$$

向量可以被看作只有一列的矩阵。对应地，向量的转置可以被看作只有一行的矩阵的转置。有时，我们通过将向量元素作为行矩阵写在文本行中，然后使用转置操作将其变为标准的列向量，来定义一个向量，比如 $x = [x_1, x_2, x_3]^{\mathrm{T}}$。

标量可以被看作只有一个元素的矩阵。因此，标量的转置等于它本身，$a = a^{\mathrm{T}}$。

只要矩阵的形状一样，我们就可以把两个矩阵相加。两个矩阵相加是指对应位置的元素相加，比如 $C = A + B$，其中 $C_{i,j} = A_{i,j} + B_{i,j}$。

当标量和矩阵相乘，或和矩阵相加时，我们只需将其与矩阵的每个元素相乘或相加，比如 $D = a \cdot B + c$，其中 $D_{i,j} = a \cdot B_{i,j} + c$。

在深度学习中，我们也使用一些不那么常规的符号。我们允许矩阵和向量相加，产生另一个矩阵 $C = A + b$，其中 $C_{i,j} = A_{i,j} + b_j$。换言之，向量 b 和矩阵 A 的每一行相加。这个简写方法使我们无须在加法操作前定义一个将向量 b 复制到每一行而生成的矩阵。这种隐式地复制向量 b 到很多位置的方式，被称为广播（broadcasting）。

2. 矩阵和向量相乘

矩阵乘法是矩阵运算中最重要的操作之一。两个矩阵 A 和 B 的矩阵乘积（matrix product）是第三个矩阵 C。为了使乘法定义良好，矩阵 A 的列数必须和矩阵 B 的行数相等。如果矩阵 A 的形状是 $m \times n$，矩阵 B 的形状是 $n \times p$，那么矩阵 C 的形状是 $m \times p$。我们可以通过将两个或多个矩阵并列放置以表示矩阵乘法，例如：

$$C = AB$$

具体地，该乘法操作定义为：

$$C_{i,j} = \sum_k A_{i,k} B_{k,j}$$

需要注意的是，两个矩阵的标准乘积不是指两个矩阵中对应元素的乘积。不过，那样的矩阵操作确实是存在的，被称为元素对应乘积（element-wise product）或者阿达马乘积（Hadamard product），记为 $A \odot B$。

两个相同维数的向量 x 和 x 的点积（dot product）可看作矩阵乘积 x^Ty。我们可以把矩阵乘积 $C=AB$ 中计算 $C_{i,j}$ 的步骤看作 A 的第 i 行和 B 的第 j 列之间的点积。

矩阵乘积运算有许多有用的性质，从而使矩阵的数学分析更加方便。比如，矩阵乘积服从分配律：

$$A(B+C)=AB+BC$$

矩阵乘积也服从结合律：

$$A(BC) = (AB)C$$

不同于标量乘积，矩阵乘积并不满足交换律（$AB=BA$ 的情况并非总是满足）。然而，两个向量的点积满足交换律：

$$x^Ty=y^Tx$$

矩阵乘积的转置有着简单的形式：

$$(AB)^T=B^TA^T$$

现在我们已经知道了足够多的线性代数符号，可以表达下列线性方程组：

$$Ax=b$$

其中 $A \in R^{m \times n}$ 是一个已知矩阵，$b \in R^m$ 是一个已知向量，$x \in R^n$ 是一个我们要求解的未知向量。向量 x 的每一个元素 x_i 都是未知的。矩阵 A 的每一行和 b 中对应的元素构成一个约束。我们可以把 $Ax=b$ 重写为：

$$A_{1,:}x = b_1$$
$$A_{2,:}x = b_2$$
$$\vdots$$
$$A_{m,:}x = b_m$$

或者，更明确地，写作：

$$A_{1,1}x_1 + A_{1,2}x_2 + \cdots + A_{1,n}x_n = b_1$$
$$A_{2,1}x_1 + A_{2,2}x_2 + \cdots + A_{1,n}x_n = b_2$$
$$\vdots$$
$$A_{m,1}x_1 + A_{m,2}x_2 + \cdots + A_{m,n}x_n = b_m$$

矩阵向量乘积符号为这种形式的方程提供了更紧凑的表示。

3. 单位矩阵和逆矩阵

线性代数提供了被称为逆矩阵（inversion matrix）的强大工具。对于大多数矩阵 A，我们都能通过矩阵逆解析地求解 $Ax=b$。为了描述逆矩阵，我们首先需要定义单位矩阵（identity matrix）的概念。任意向量和单位矩阵相乘，都不会改变。我们将保持 n 维向量不变的单位矩阵记作 I_n，形式上，$I_n \in R^{n \times n}$，

$$\forall x \in R^n, I_n x = x$$

单位矩阵的结构很简单：所有沿主对角线的元素都是 1，而所有其他位置的元素都是 0。单位矩阵如下所示：

$$\begin{bmatrix} 1 & 0 & 0 \\ 0 & 1 & 0 \\ 0 & 0 & 1 \end{bmatrix}$$

矩阵 A 的逆矩阵记作 A^{-1}，其定义的矩阵满足如下条件：

$$A^{-1}A = I_n$$

现在我们可以通过以下步骤求解 $Ax=b$：

$$Ax=b$$

$$A^{-1}Ax=A^{-1}b$$

$$I_nx=A^{-1}b$$

$$x=A^{-1}b$$

当然，这取决于我们能否找到一个逆矩阵 A^{-1}。当逆矩阵 A^{-1} 存在时，几种不同的算法都能找到它的闭解形式。理论上，相同的逆矩阵可用于多次求解不同向量 b 的方程。然而，逆矩阵 A^{-1} 主要是作为理论工具使用的，并不会在大多数软件应用程序中实际使用。这是因为逆矩阵 A^{-1} 在数字计算机上只能表现出有限的精度，有效使用向量 b 的算法通常可以得到更精确的 x。

4. 线性相关和生成子空间

如果逆矩阵 A^{-1} 存在，那么 $Ax=b$ 肯定对于每一个向量 b 恰好存在一个解。但是，对于方程组而言，对于向量 b 的某些值，有可能不存在解，或者存在无限多个解。存在多于一个解但是少于无限多个解的情况是不可能发生的。因为如果 x 和 y 都是某方程组的解，则：

$$z = \propto x + (1-\propto)y$$

（其中 $\propto$ 取任意实数）也是该方程组的解。

为了分析方程有多少个解，我们可以将 A 的列向量看作从原点（origin）（元素都是零的向量）出发的不同方向，确定有多少种方法可以到达向量 b。在这个观点下，向量 x 中的每个元素表示我们应该沿着这些方向走多远，即 x_i 表示我们需要沿着第 i 个向量的方向走多远：

$$Ax = \sum_i x_i A_{:,i}$$

一般而言，这种操作被称为线性组合（linear combination）。形式上，一组向量的线性组合，是指每个向量乘以对应标量系数之后的和，即：

$$\sum_i c_i v^i$$

一组向量的生成子空间（span）是原始向量线性组合后所能抵达的点的集合。

确定 $Ax=b$ 是否有解相当于确定向量 b 是否在 A 列向量的生成子空间中。这个特殊的生成子空间被称为 A 的列空间（column space）或者 A 的值域（range）。

为了使方程 $Ax=b$ 对于任意向量 $b \in \mathbf{R}^m$ 都存在解，我们要求 A 的列空间构成整个 $\mathbf{R}^m$。如果 $\mathbf{R}^m$ 中的某个点不在 A 的列空间中，那么该点对应的 b 会使得该方程没有解。矩阵 A 的列空间是整个 $\mathbf{R}^m$ 的要求，意味着 A 至少有 m 列，即 $n \geq m$。否则，A 列空间的维数会小于 m。例如，假设 A 是一个 3×2 的矩阵。目标 b 是三维的，但是 x 只有二维。所以无论如何修改 x 的值，也只能描绘出 $\mathbf{R}^3$ 空间中的二维平面。当且仅当向量 b 在该二维平面中时，该方程有解。

不等式 $n \geqslant m$ 仅是方程对每一点都有解的必要条件。这不是一个充分条件，因为有些列向量可能是冗余的。假设有一个 $\mathbf{R}^n$ 中的矩阵，它的两个列向量是相同的。那么它的列空间和它的一个列向量作为矩阵的列空间是一样的。换言之，虽然该矩阵有 2 列，但是它的列空间仍然只是一条线，不能涵盖整个 $\mathbf{R}^n$ 空间。

这种冗余被称为线性相关（linear dependence）。如果一组向量中的任意一个向量都不能表示成其他向量的线性组合，那么这组向量称为线性无关（linearly independence）。如果某个向量是一组向量中某些向量的线性组合，那么我们将这个向量加入这组向量后不会增加这组向量的生成子空间。这意味着，如果一个矩阵的列空间涵盖整个 $\mathbf{R}^m$，那么该矩阵必须包含至少一组 m 个线性无关的向量。这是 $Ax=b$ 对于每一个向量 b 的取值都有解的充分必要条件。值得注意的是，这个条件是说该向量集恰好有 m 个线性无关的列向量，而不是至少 m 个。不存在一个 m 维向量的集合具有多于 m 个彼此线性不相关的列向量，但是一个有多于 m 个列向量的矩阵有可能拥有不止一个大小为 m 的线性无关向量集。

要想使矩阵可逆，我们还需要保证 $Ax=b$ 对于每一个 b 值至多有一个解。为此，我们需要确保该矩阵至多有 m 个列向量。否则，该方程会有不止一个解。

综上所述，该矩阵必须是一个方阵（square），即 $m=n$，并且所有列向量都是线性无关的。一个列向量线性相关的方阵被称为奇异的（singular）。

如果矩阵 A 不是一个方阵或者是一个奇异的方阵，该方程仍然可能有解。但是我们不能使用矩阵逆去求解。

目前为止，我们已经讨论了逆矩阵左乘。我们也可以定义逆矩阵：

$$AA^{-1} = I$$

对于方阵而言，它的左逆和右逆是相等的。

5. 范数

有时我们需要衡量一个向量的大小。在机器学习中，我们经常使用被称为范数（norm）的函数衡量向量大小。形式上，L^p 范数定义如下：

$$\|x\|_p = \left(\sum_i |x_i|^p\right)^{\frac{1}{p}}$$

其中 $p \in \mathbf{R}, p \geqslant 1$。

范数（包括 L^p 范数）是将向量映射到非负值的函数。直观上来说，向量 x 的范数衡量从原点到 x 的距离。更严格地说，范数是满足下列性质的任意函数：

$$f(x) = 0 \Rightarrow x = 0$$
$$f(x + y) \leqslant f(x) + f(y) \text{（三角不等式（triangle inequality））}$$

$$\forall a \in \mathbf{R},\ f(\propto x) = |\propto| f(x)$$

当 $p=2$ 时，L^2 范数被称为欧几里得范数（Euclidean norm）。它表示从原点出发到向量 x 确定的点的欧几里得距离。L^2 范数在机器学习中出现得十分频繁，经常简化表示为 $\|x\|$，略去了下标 2。平方 L^2 范数也经常用来衡量向量的大小，可以简单地通过点积 $x^\mathsf{T}x$ 计算。

平方 L^2 范数在数学和计算上都比 L^2 范数本身更方便。例如，平方 L^2 范数对 x 中每个元素的导数只取决于对应的元素，而 L^2 范数对每个元素的导数却和整个向量相关。但是在很多情况下，平方 L^2 范数也可能不受欢迎，因为它在原点附近增长得十分缓慢。在某些机器学习应用中，区分恰好是零的元素和非零但值很小的元素是很重要的。在这些情况下，我们转而使用在各个位置斜率相同，同时保持简单的数学形式的函数：L^1 范数。L^1 范数可以简化如下：

$$\|\boldsymbol{x}\|_1 = \sum_i |x_i|$$

每当 x 中某个元素从 0 增加 ε，对应的 L^1 范数也会增加 ε。有时候我们会统计向量中非零元素的个数来衡量向量的大小。有些作者将这种函数称为 "L^0 范数"，但是这个术语在数学意义上是不对的。向量的非零元素的数目不是范数，因为对向量缩放 $\propto$ 倍不会改变该向量非零元素的数目。因此 L^1 范数经常作为表示非零元素数目的替代函数。

另外一个经常在机器学习中出现的范数是 L^∞ 范数，也被称为最大范数（maxnorm）。这个范数表示向量中具有最大幅值的元素的绝对值：

$$\|\boldsymbol{x}\|_\infty = \max_i x_i$$

有时候我们可能也希望衡量矩阵的大小。在深度学习中，常见的做法是使用弗罗贝尼乌斯范数（Frobenius norm）：

$$\|\boldsymbol{A}\|_F = \sqrt{\sum_{i,j} A_{i,j}^2}$$

它类似于向量的 L^2 范数。

两个向量的点积可以用范数来表示。具体如下：

$$\boldsymbol{x}^\mathrm{T}\boldsymbol{y} = \|\boldsymbol{x}\|_2 \|\boldsymbol{x}\|_2 \cos\theta$$

其中 θ 表示 x 和 y 之间的夹角。

6. 特征分解

许多数学对象可以通过将它们分解成多个组成部分或者找到它们的一些属性而更好地理解。这些属性是通用的，而不是由我们选择表示它们的方式而决定的。

例如，整数可以分解为质因数。我们可以用十进制或二进制等不同方式表示整数 12，但是 $12 = 2 \times 2 \times 3$ 永远是对的。从这个表示中我们可以获得一些有用的信息，比如 12 不能被 5 整除，或者 12 的倍数可以被 3 整除。

正如我们可以通过分解质因数来发现整数的一些内在性质，我们也可以通过分解矩阵来发现矩阵表示成数组元素时不明显的函数性质。特征分解（eigendecomposition）是使用最广的矩阵分解方法之一，即我们将矩阵分解成一组特征向量和特征值。

方阵 A 的特征向量（eigenvector）是指与 A 相乘后相当于对该向量进行缩放的非零向量 $\boldsymbol{v}$：

$$A\boldsymbol{v} = \lambda\boldsymbol{v}$$

标量 λ 被称为这个特征向量对应的特征值（eigenvalue）。如果 $\boldsymbol{v}$ 是 A 的特征向量，那么任何缩放后的向量 $s\boldsymbol{v}(s \in \mathbf{R}, s \neq 0)$ 也是 A 的特征向量。此外，$s\boldsymbol{v}$ 和 $\boldsymbol{v}$ 有相同的特征值。基于这个原因，通常我们只考虑单位特征向量。

假设矩阵 A 有 n 个线性无关的特征向量 $(\boldsymbol{v}^{(1)}, \cdots, \boldsymbol{v}^{(n)})$，对应着特征值 $\lambda = (\lambda_1, \cdots, \lambda_n)^\mathrm{T}$，因此 A 的特征分解可以记作：

$$A = V \text{diag}(\lambda) V^{-1}$$

我们已经看到了构建具有特定特征值和特征向量的矩阵，它能够使我们在目标方向上延伸空间。然而，我们也常常希望将矩阵分解（decompose）成特征值和特征向量。这样可以帮助我们分析矩阵的特定性质，就像质因数分解有助于我们理解整数。不是每一个矩阵都可以分解成特征值和特征向量。在某些情况下，特征分解存在，但是会涉及复数而非实数。幸运的是，在本书中，我们通常只需要分解一类有简单分解的矩阵。具体来讲，每个实对称矩阵都可以分解成实特征向量和实特征值：

$$A = Q \Lambda Q^{\mathrm{T}}$$

其中 Q 是 A 的特征向量组成的正交矩阵，Λ 是对角矩阵。特征值 $\Lambda_{i,j}$ 对应的特征向量是矩阵 Q 的第 i 列，记作 $Q_{:,i}$。因为 Q 是正交矩阵，我们可以将 A 看作沿方向 $v^{(i)}$ 延展 i 倍的空间。

虽然任意一个实对称矩阵 A 都有特征分解，但是特征分解可能并不唯一。如果两个或多个特征向量拥有相同的特征值，那么在由这些特征向量产生的生成子空间中，任意一组正交向量都是该特征值对应的特征向量。因此，我们可以等价地从这些特征向量中构成 Q 作为替代。按照惯例，我们通常按降序排列 Λ 的元素。在该约定下，特征分解唯一当且仅当所有的特征值都是唯一的。

矩阵的特征分解给了我们很多关于矩阵的有用信息。矩阵是奇异的当且仅当含有零特征值。实对称矩阵的特征分解也可以用于优化二次方程 $f(x) = x^{\mathrm{T}} A x$，其中限制 $\|x\|_2 = 1$。当 x 等于 A 的某个特征向量时，f 将返回对应的特征值。在限制条件下，函数 f 的最大值是最大特征值，最小值是最小特征值。

所有特征值都是正数的矩阵被称为正定（positive definite），所有特征值都是非负数的矩阵被称为半正定（positive semidefinite）。同样地，所有特征值都是负数的矩阵被称为负定（negative definite），所有特征值都是非正数的矩阵被称为半负定（negative semidefinite）。半正定矩阵受到关注是因为它们保证 $\forall x, x^{\mathrm{T}} A x \geqslant 0$。此外，正定矩阵还保证 $x^{\mathrm{T}} A x = 0 \Rightarrow x = 0$。

7. 奇异值分解

奇异值分解（Singular Value Decomposition, SVD），即将矩阵分解为奇异向量（singular vector）和奇异值（singular value）。通过奇异值分解，我们会得到一些与特征分解相同类型的信息。然而，奇异值分解有更广泛的应用。每个实数矩阵都有一个奇异值分解，但不一定都有特征分解。例如，非方阵的矩阵没有特征分解，这时我们只能使用奇异值分解。

回想一下，我们使用特征分解去分析矩阵 A 时，得到特征向量构成的矩阵 V 和特征值构成的向量 λ，我们可以重新将 A 写作：

$$A = V \text{diag}(\lambda) V^{-1}$$

奇异值分解是类似的，只不过我们将矩阵 A 分解成 3 个矩阵的乘积：

$$A = U D V^{\mathrm{T}}$$

假设 A 是一个 $m \times n$ 的矩阵，那么 U 是一个 $m \times m$ 的矩阵，D 是一个 $m \times n$ 的矩阵，V 是一个 $n \times n$ 矩阵。

这些矩阵中的每一个经定义后都拥有特殊的结构。矩阵 U 和 V 都定义为正交矩阵，而矩阵

D 定义为对角矩阵。注意，矩阵 *D* 不一定是方阵。

对角矩阵 *D* 对角线上的元素被称为矩阵 *A* 的奇异值。矩阵 *U* 的列向量被称为左奇异向量（left singular vector），矩阵 *V* 的列向量被称右奇异向量（right singular vector）。

事实上，我们可以用与 *A* 相关的特征分解去解释 *A* 的奇异值分解。*A* 的左奇异向量是 *AA*^{T} 的特征向量。*A* 的右奇异向量是 *AA*^{T} 的特征向量。*A* 的非零奇异值是 *AA*^{T} 特征值的平方根，同时也是 *AA*^{T} 特征值的平方根。

8. 行列式

行列式，记作 det(*A*)，是一个将方阵 *A* 映射到实数的函数。行列式等于矩阵特征值的乘积。行列式的绝对值可以用来衡量矩阵参与矩阵乘法后空间扩大或者缩小了多少。如果行列式是 0，那么空间至少沿着某一维完全收缩了，使其失去了所有的体积。如果行列式是 1，那么这个转换保持空间体积不变。

B.2　概率论

概率论是用于表示不确定性声明的数学框架。它不仅提供了量化不确定性的方法，也提供了用于导出新的不确定性声明（statement）的公理。在人工智能领域，概率论主要有两种用途。首先，概率法则告诉我们 AI 系统如何推理，据此我们设计一些算法来计算或者估算由概率论导出的表达式。其次，我们可以用概率和统计从理论上分析我们提出的 AI 系统的行为。

1. 概率的意义

计算机科学的许多分支处理的实体大部分都是完全确定且必然的。程序员通常可以安全地假定 CPU 将完美地执行每条机器指令。虽然硬件错误确实会发生，但它们足够罕见，以至于大部分软件应用在设计时并不需要考虑这些因素的影响。鉴于许多计算机科学家和软件工程师在一个相对"干净和确定"的环境中工作，机器学习对于概率论的大量使用是很令人吃惊的。

这是因为机器学习通常必须处理不确定量，有时也可能需要处理随机量。不确定性和随机性可能来自多个方面。事实上，除了那些被定义为真的数学声明，我们很难认定某个命题是千真万确的或者确保某件事一定会发生。

概率论最初的发展是为了分析事件发生的频率，可以被用于处理不确定性的逻辑扩展。逻辑提供了一套形式化的规则，可以在给定某些命题是真或假的假设下，判断另外一些命题是真的还是假的。概率论提供了一套形式化的规则，可以在给定一些命题的似然函数后，计算其他命题为真的似然函数。

2. 随机变量

随机变量（random variable）是可以随机地取不同值的变量，它可以是离散的或者连续的。离散随机变量拥有有限或者可数无限多的状态。这些状态不一定非要是整数，它们也可能只是一些被命名的状态而没有数值。连续随机变量伴随着实数值。

3. 概率分布

概率分布（probability distribution）用来描述随机变量或一簇随机变量在每一个可能取到的

状态的可能性大小。描述概率分布的方式取决于随机变量是离散的还是连续的。

（1）离散型随机变量和概率质量函数

离散型随机变量的概率分布可以用概率质量函数（Probability Mass Function，PMF）来描述。概率质量函数将随机变量能够取得的每个状态映射到随机变量取得该状态的概率。$X=x$ 的概率用 $P(x)$ 来表示，概率为 1 表示 $X=x$ 是确定的，概率为 0 表示 $X=x$ 是不可能发生的。有时为了使得 PMF 的使用不相互混淆，我们会明确写出随机变量的名称：$P(X=x)$。有时我们会先定义一个随机变量，然后用 "~" 来说明它遵循的分布：$X \sim P(x)$。

概率质量函数可以同时作用于多个随机变量。这种多个变量的概率分布被称为联合概率分布（joint probability distribution）。$P(X=x,Y=y)$ 表示 $X=x$ 和 $Y=y$ 同时发生的概率。也可以简写为 $P(x,y)$。

如果一个函数 P 是随机变量 X 的 PMF，必须满足下面这几个条件。

① P 的定义域必须是 X 所有可能状态的集合。

② $\forall x \in x,\ 0 \leqslant P(x) \leqslant 1$。

③ $\sum_{x \in x} P(x) = 1$。

（2）连续型变量和概率密度函数

当我们研究的对象是连续型随机变量时，我们用概率密度函数（Probability Density Function，PDF）来描述它的概率分布。如果一个函数 p 是概率密度函数，必须满足下面这几个条件。

① p 的定义域必须是 X 所有可能状态的集合。

② $\forall x \in X, p(x) \geqslant 0$。

③ $\int p(x)\mathrm{d}x = 1$。

概率密度函数 $p(x)$ 并没有直接对特定的状态给出概率，相对地，它给出了落在面积为 δx 的无限小的区域内的概率为 $p(x)\delta x$。

我们可以对概率密度函数求积分来获得点集的真实概率质量。特别地，x 落在集合 **S** 中的概率可以通过 $p(x)$ 对这个集合求积分来得到。在单变量的例子中，$p(x)$ 落在区间 $[a,b]$ 的概率是 $\int_{[a,b]} p(x)\mathrm{d}x$。

（3）边缘概率

有时候，我们知道了一组变量的联合概率分布，但想要了解其中一个子集的概率分布。这种定义在子集上的概率分布被称为边缘概率分布（marginal probability distribution）。

例如，假设有离散型随机变量 X 和 Y，并且我们知道 $P(X,Y)$。我们可以依据下面的求和法则（sum rule）来计算 $P(X)$：

$$\forall x \in X, P(X=x) = \sum_y P(X=x, Y=y)$$

"边缘概率"的名称来源于边缘概率的计算过程。当 $P(X,Y)$ 的每个值被写在由每行表示不同的 x 值，每列表示不同的 y 值形成的网格中时，对网格中的每行求和是很自然的事情，然后将求和的结果 $P(X)$ 写在每行右边的纸的边缘处。

对于连续型变量，我们需要用积分替代求和：

$$p(x) = \int p(x, y)\mathrm{d}y$$

（4）条件概率

在很多情况下，我们感兴趣的是某个事件，在给定其他事件发生时出现的概率。这种概率叫作条件概率。我们将给定 $X=x, Y=y$ 发生的条件概率记为 $P(Y = y \mid X = x)$。这个条件概率可以通过下面的公式计算：

$$P(Y = y \mid X = x) = \frac{P(Y = y, X = x)}{P(X = x)}$$

条件概率只在 $P(X = x) > 0$ 时有定义。我们不能计算给定在永远不会发生的事件上的条件概率。

这里需要注意的是，不要把条件概率和计算当采用某个动作后会发生什么的概率相混淆。假定某个人说德语，那么他是德国人的条件概率是非常高的，但是如果随机选择的一个人会说德语，他的国籍不会因此而改变。

（5）条件概率的链式法则

任何多维随机变量的联合概率分布，都可以被分解成只有一个变量的条件概率相乘的形式：

$$P(x^{(1)}, \cdots, x^{(n)}) = P(x^{(1)}) \prod_{i=2}^{n} P(x^{(i)} \mid x^{(1)}, \cdots, x^{(i-1)})$$

这个规则被称为概率的链式法则（chain rule）或者乘法法则（product rule）。

（6）独立性和条件独立性

两个随机变量 X 和 Y，如果它们的概率分布可以表示成两个因子的乘积形式，并且一个因子只包含 X 另一个因子只包含 Y，我们就称这两个随机变量是相互独立的（independent）：

$$\forall x \in X, y \in Y, p(X = x, Y = y) = p(X = x)p(Y = y)$$

如果关于 X 和 Y 的条件概率分布对于 Z 的每一个值都可以写成乘积的形式，那么这两个随机变量 X 和 Y 在给定随机变量 Z 时是条件独立的（conditionallyindependent）：

$$\forall x \in X, y \in Y, z \in Z, p(X = x, Y = y \mid Z = z) = p(X = x \mid Z = z)p(Y = y \mid Z = z)$$

我们可以采用一种简化形式来表示独立性和条件独立性：$X \perp Y$ 表示 X 和 Y 相互独立，$X \perp Y \mid Z$ 表示 X 和 Y 在给定 Z 时条件独立。

（7）期望、方差和协方差

函数 $f(x)$ 关于某分布 $P(X)$ 的期望（expectation）或者期望值（expectedvalue）是指，当 x 由 P 产生，f 作用于 x 时，$f(x)$ 的平均值。对于离散型随机变量，这可以通过求和得到：

$$E_{x \sim P}[f(x)] = \sum_x P(X)f(x)$$

对于连续型随机变量可以通过求积分得到：

$$E_{x \sim P}[f(x)] = \int \sum_x P(X)f(x)\mathrm{d}x$$

期望是线性的，例如，

$$E_x[\propto f(x) + \beta g(x)] = \propto E_x[f(x)] + \beta E_x[g(x)]$$

其中 $\propto$ 和 β 不依赖于 x。

方差（variance）衡量的是当我们对 X 依据它的概率分布进行采样时，随机变量 X 的函数值会呈现多大的差异：

$$\mathrm{Var}(f(x)) = E[(f(x) - E[f(x)])^2]$$

当方差很小时，$f(x)$ 的值形成的簇比较接近它们的期望值。方差的平方根被称为标准差（standard deviation）。

协方差（covariance）在某种意义上给出了两个变量线性相关性的强度以及这些变量的尺度：

$$\mathrm{Cov}(f(x), g(x)) = E(f(x) - E[f(x)])(g(y) - E[g(y)])$$

（8）常用概率分布

① 伯努利分布（Bernoulli distribution）。Bernoulli 分布是单个二值随机变量的分布。它由单个参数 $\phi \in [0,1]$ 控制，ϕ 给出了随机变量等于 1 的概率。它具有如下的一些性质：

$$P(X = 1) = \phi$$
$$P(X = 0) = 1 - \phi$$
$$P(X = x) = \phi^x(1 - \phi)^{1-x}$$
$$E_x[X] = \phi$$
$$\mathrm{Var}_x(X) = \phi(1 - \phi)$$

② 多项分布（Multinoulli distribution）。Multinoulli 分布或者范畴分布（categorical distribution）是指在具有 k 个不同状态的单个离散型随机变量上的分布，其中 k 是一个有限值。Multinoulli 分布由向量 $\boldsymbol{p} \in [0,1]^{k-1}$ 参数化，其中每一个分量 p_i 表示第 i 个状态的概率。最后的第 k 个状态的概率可以通过 $1 - \sum_{i=1}^{k-1} p_i$ 给出。

（9）正态分布

实数上最常用的分布是正态分布（normal distribution），也称为高斯分布（Gaussian distribution）：

$$N(x; \mu, \sigma^2) = \sqrt{\frac{1}{2\pi\sigma^2}} \exp\left(-\frac{1}{2\sigma^2}(x - \mu)^2\right)$$

正态分布由两个参数控制 $\mu \in \mathbf{R}$ 和 $\sigma \in (0, \infty)$。参数 μ 给出了中心峰值的坐标，这也是分布的均值：$E[X] = \mu$。分布的标准差用 σ 表示，方差用 σ^2 表示。

采用正态分布在很多应用中都是一个明智的选择。当我们由于缺乏关于某个实数上分布的先验知识而不知道该选择怎样的形式时，正态分布是默认的比较好的选择。

正态分布可以推广到 $\mathbf{R}^n$ 空间，这种情况下被称为多维正态分布（multivariate normal distribution）。它的参数是一个正定对称矩阵 $\boldsymbol{\Sigma}$：

$$N(x; \mu, \boldsymbol{\Sigma}) = \sqrt{\frac{1}{(2\pi)^n \det(\boldsymbol{\Sigma})}} \exp\left(-\frac{1}{2}(x - \mu)^{\mathrm{T}} \boldsymbol{\Sigma}^{-1}(x - \mu)\right)$$

参数 μ 仍然表示分布的均值，只不过现在是向量值。参数 $\boldsymbol{\Sigma}$ 给出了分布的协方差矩阵。和单变量的情况类似，当我们希望对很多不同参数下的概率密度函数多次求值时，协方差矩阵并不是一个很高效的参数化分布的方式，因为对概率密度函数求值时需要对 $\boldsymbol{\Sigma}$ 求逆。我们可以使用一个精度矩阵（precision matrix）$\boldsymbol{\beta}$ 进行替代：

$$N(x; \mu, \boldsymbol{\beta}^{-1}) = \sqrt{\frac{\det(\boldsymbol{\beta})}{(2\pi)^n}} \exp\left(-\frac{1}{2}(x-\mu)^{\mathrm{T}} \boldsymbol{\beta}(x-\mu)\right)$$

（10）指数分布和拉普拉斯分布

在深度学习中，我们经常会需要一个在 $x=0$ 点处取得边界点（sharp point）的分布。为了实现这一目的，我们可以使用指数分布（exponential distribution）：

$$p(x; \lambda) = \lambda 1_{x \geqslant 0} \exp(-\lambda x)$$

指数分布使用指示函数（indicator function）$1_{x \geqslant 0}$ 来使得当 x 取负值时的概率为零。一个联系紧密的概率分布是拉普拉斯分布（Laplace distribution），它允许我们在任意一点 μ 处设置概率质量的峰值：

$$\text{Laplace}(x; \mu, \gamma) = \frac{1}{2\gamma} \exp\left(-\frac{|x-\mu|}{\gamma}\right)$$

4. 贝叶斯规则

我们经常会需要在已知 $P(Y|X)$ 时计算 $P(X|Y)$。幸运的是，如果还知道 $P(X)$，我们可以用贝叶斯规则（Bayes' rule）来实现这一目的：

$$P(X|Y) = \frac{P(X)P(Y|X)}{P(Y)}$$

在上面的公式中，$P(Y)$ 通常使用 $P(Y) = \sum_x P(Y|X)P(X)$ 来计算，所以我们并不需要事先知道 $P(Y)$ 的信息。